本书受河北省社会科学基金项目“环境治理强约束条件下河北经济高质量增长路径与政策研究”（项目编号：HB20YJ007）、中共河北省委党校（河北行政学院）资助出版。

环境治理约束下经济高质量增长研究

——以河北省为例

李书锋　刘志秀　张景华　周肖萌◎著

中国社会科学出版社

图书在版编目（CIP）数据

环境治理约束下经济高质量增长研究：以河北省为例／李书锋等著. -- 北京：中国社会科学出版社，2024. 10. -- ISBN 978-7-5227-4392-9

Ⅰ. X321.222；F127.22

中国国家版本馆 CIP 数据核字第 20243AE421 号

出 版 人　赵剑英
责任编辑　刘晓红
责任校对　阎红蕾
责任印制　戴　宽

出　　版　中国社会科学出版社
社　　址　北京鼓楼西大街甲 158 号
邮　　编　100720
网　　址　http://www.csspw.cn
发 行 部　010-84083685
门 市 部　010-84029450
经　　销　新华书店及其他书店

印　　刷　北京君升印刷有限公司
装　　订　廊坊市广阳区广增装订厂
版　　次　2024 年 10 月第 1 版
印　　次　2024 年 10 月第 1 次印刷

开　　本　710×1000　1/16
印　　张　13.25
字　　数　203 千字
定　　价　76.00 元

前　言

进入21世纪以来，河北省的重工业领域经历了前所未有的快速发展。然而，这种快速发展也带来了严重的环境污染问题，包括大气污染、水污染等，对本地甚至周边的京津居民身体健康和生活质量造成了不良影响。面对这一严峻形势，加强对环境污染的治理，保护河北省的自然环境，维护生态平衡并推动经济的可持续发展，已成为刻不容缓的任务。

本书旨在深入研究和探讨河北省环境污染的治理与经济高质量增长之间的协调关系，力求为河北省乃至全国的绿色发展提供理论支持和实践指导。本书的研究成果不仅有利于缓解污染排放控制量与河北省经济增长污染排放需求量之间的矛盾，还有助于避免因环境治理和经济发展政策不当而产生的社会和经济问题。此外，本书的研究成果对推动京津冀协同发展战略的实施也具有积极的促进作用。

本书共分为八章。

第一章为"导论"，主要阐述了本书的研究背景和研究价值，介绍了研究的主要内容和方法，并对环境治理与经济增长之间关系的国内外文献进行了梳理。

第二章至第七章，分别从理论角度和实践层面深入探讨了环境治理与经济高质量增长之间的关系，以及环境治理与经济高质量增长协同发展的路径和政策。第二章为"环境治理与经济高质量增长的相关理论"，深入解析了两者的概念、理论基础和相互关系，提出了在市场机制主导下，通过多元主体协作和政府主动干预实现环境治理与经济增长的目标。第三章为"环境治理对经济增长的作用机制分析"，详细探讨了环境治理对经济高质量增长的促进作用和可能存在的制约因素。第四章为“河北省环境治理与经济增长的实证分析”，以河北省为例，对环境治理与经济增长的关系进行了实证研究。第五章为“环境治理与经济高质量增长协同发展的路径探索”，通过建立数学模型，探讨了河北省环境治理和经济高质量增长协同推进的最优路径。第六章为“国内外环境治理与经济高质量增长协同发展的经验与启示”，通过分析国内外成功案例，为河北省制定环境治理与经济高质量增长协同发展政策提供了宝贵的经验和启示。第七章为“构建满足环境治理目标的经济高质量增长的政策体系”，提出了构建河北省在环境治理约束条件下经济高质量增长的政策体系的建议。

第八章为“结论与展望”，总结了本书的主要研究结论，并对未来的研究方向进行了展望。

本书可能的创新点体现在以下三个方面：在研究视角上，本书综合运用环境地理学、经济学、政策学等学科的理论研究经济高质量增长的最优路径，突破了传统研究中环境治理与经济增长两者必然冲突的固有思路；在基本观点上，本书构建了不同产业对环境影响的框架体系，设计了环境治理和经济高质量增长的最优路径，并提出了经济高质量增长从“逐底竞争”到“逐优竞争”的转变思路；在研究方法上，本书通过分析环境治理和经济增长参与者的共同利益取向，构建了政策体系，提高了政策措施的可操作性。

目　录

第一章

导　论

第一节　研究背景和研究价值

一　研究背景

河北省位于中国的北部，地处环渤海经济圈，拥有丰富的自然资源和生态资源，是京津冀协同发展战略的重要组成部分，也是中国经济发展最为迅速的省份之一。2000 年，河北省水泥产量、平板玻璃产量、粗钢产量、钢材产量、发电量、焦炭产量分别为 4694.6 万吨、2083.3 万重量箱、1230.1 万吨、1306.5 万吨、844.4 亿千瓦时、792.5 万吨；之后，河北省重化工业迅猛发展，2011 年水泥、玻璃产量达到峰值 14533.9 万吨、16941.6 万重量箱，11 年间年均增长率分别为 10.8%和 21.0%；2012 年焦炭产量达到峰值 6700.5 万吨，12 年间年均增长率为 19.5%；2020 年粗钢产量达到峰值 24977.0 万吨，20 年间年均增长率为 16.2%；2022 年钢材和发电量的产量为 32169.2 万吨、3792.9 亿千瓦时，22 年间年均增长率为 15.7%和 7.1%。尤其是河北省钢铁工业，在全球享有“世界钢铁看中国、中国钢铁看河北省”的美誉。但是，高速发展的重工业也伴随着严重的环境污染问题，大气污染、水污染、土壤污染等都给当地居民的健康和生活环境带来了巨大影响。

2013 年，刘文昭发表了一篇题为《雾霾天气给河北省冬季温室蔬菜种植带来重创》的报道，其中描述了雾霾天气给农业生产带来的严重影响。此外，严重的环境污染危及人民的身体健康。贺宇彤等认为，排除了人口寿命延长是肺癌死亡人数增加的主因，研究结果表明空气污染是第一病因。① 可以说，河北省的环境污染不但严重影响了生产和生活，而且不符合中央提出的高质量发展要求。强化对环境污染的治理，保护河北省的自然环境，维护生态平衡，促进可持续发展，既是形势所迫，也是大势所趋。

近年来，河北省在环境保护方面出台了一系列法律、法规和政策，并且严格执行，河北省的生态环境也明显改善，但是与中央的要求和河北省人民的期望还有一定差距，所以必须持续进行环境治理。在环境治理的同时，河北省还要实现经济的高质量增长。于是，如何科学地消除环境治理背景下污染排放规划量与经济增长污染排放需求量之间的缺口，探寻环境治理强约束条件下河北省经济高质量增长的最优路径及其相应政策体系，加快建设经济强省、美丽河北成为一个重大而现实的课题。

二　研究的学术价值和应用价值

（一）学术价值

本书研究学术价值主要体现在三个方面：一是在环境治理背景下，从中央和河北省污染制定的排放规划量，与河北省为实现经济增长目标对污染排放需求量之间矛盾的视角，对河北省经济高质量增长进行更具针对性的研究。二是利用各种学术工具，建立数学模型，科学选取各个变量，研究了在环境治理强约束条件下河北省实现经济高质量增长的最优路径，为河北省科学制定经济高质量增长规划提供依据。三是以环境治理强约束条件为前提，以国土功能分区为依据，以现有产业结构为基础，以未来高质量发展为目标，对目前的环境治理政策和经济高质量增长规划协同推进，进行更深入、全面的研究。通过对河北省高质量增长路径的探索，为加快实现经济强省、美丽河北的奋斗目标提供理论支撑。

① 贺宇彤等：《河北省肺癌死亡趋势分析》，《现代预防医学》2009 年第 22 期。

（二）应用价值

通过本书的研究与探索，解决了河北省在经济高质量发展过程中可能会遇到的一些问题。一是通过对环境治理约束条件下河北省经济高质量发展路径的研究，最大限度地避免污染排放规划量与河北省经济增长污染排放需求量之间缺口产生的经济问题，同时有利于避免因环境治理政策和经济发展政策不当导致的诸多社会和经济问题。二是通过对环境治理难度最大的河北省个案的研究，为中国其他区域环境治理和经济高质量发展协同推进提供可复制的参考范例。三是在京津冀协同发展战略中，河北省污染问题的有效解决有助于未来京津冀区域持续改善环境质量，提升经济发展质量，从而更加顺利地推进京津冀协同发展这一重大国家战略。

第二节 研究的主要内容和方法

一 研究对象

本书的研究对象是“环境治理约束条件下河北省经济高质量增长”，细分为以下三个子对象。一是河北省。河北省钢铁、煤炭、化工、建材等产业发达，是典型的重工业大省，其经济高质量增长模式在全国范围内发挥极强的示范作用。二是环境治理。河北省的环境污染对社会生产和生活造成了严重的影响，政府大力度的污染治理政策导致河北省经济增长速度明显下降，部分企业和群众的生产、生活受到了影响，这成为一个聚集各方矛盾的焦点问题。三是高质量增长最优路径。主要研究如何科学地削减不同产业的排污量，并最大限度保持河北省经济较快的高质量增长，是一个统筹解决健康民生和经济民生急迫而重大的问题。

二 总体框架

本书的主要研究思路：首先，从理论上解析环境治理政策对经济增长的作用机理，包括中间媒介、传导机制、传导效率和作用效果等；其次，通过科学建立模型，在保证实现河北省既定增长目标的前提下，探索环境治理和经济高质量增长的最优路径；最后，建立一套最大限度发挥环境治理政策正面作用，抑制其负面作用的经济高质量增长政策体系。

本书主要由以下四大部分构成。

第一部分是理论基础。从理论上分析环境治理与经济增长在各方面的共同取向，为实现两者协同发展奠定理论基础。通过解析环境治理与经济高质量增长的概念，阐释两者在行为主体和最终目标方面的一致性。通过梳理两者的理论基础，剖析环境治理与经济增长在市场机制主导、多元主体协作和政府主动干预等方面的共同点。在发掘两者共同点的基础上，从促进作用和制约作用两个角度探讨环境治理对经济增长正负两个方面的影响。

第二部分是实证分析。这部分以理论分析为基础，以实际数据为依据，展开对河北省环境治理和经济增长协同推进的实证分析。首先，分析河北省污染排放的现状、特点及其严重程度。其次，梳理中央、河北省制定的污染治理政策、目标、治理措施，分析以往环境治理相关政策对河北经济增长的影响。再次，依据各种污染物以前的排放数据预测其“十四五”时期的排放量，以及河北省“十四五”时期经济增长率目标和主要产业的污染排放指数预测未来主要污染物的排放量，测算出污染排放规划量与河北经济增长污染排放需求量之间的缺口。最后，以实现河北省“十四五”规划污染排放控制目标为约束条件，以实现河北省“十四五”规划经济增长率为目标，科学测算出未来高污染、高排放产业的压减幅度和低污染、低排放产业的增长幅度，从而找到一条环境治理和经济高质量增长协同推进的最优路径。

第三部分是经验借鉴。通过分析国外先进国家和国内先进城市、地区污染治理与经济增长协同推进的做法，总结经验为河北省所用。本书首先分析了发达工业国家美国和日本环境治理做法；其次分析了新型工业化国家及地区韩国和中国台湾环境治理的不同模式；再次分析了深圳、苏州和成都三个国内先进城市环境治理和经济增长协同推进的经验；最后在个案分析的基础上，总结出共性的经验，为构建河北省环境治理和经济高质量增长协同推进政策体系提供借鉴。

第四部分是政策体系。构建满足河北省环境治理目标要求的经济高质量增长政策机制。本书从三个层面构建政策机制：一是协调机制。建立省级污染治理和高质量增长协调机构，对河北省经济高质量增长进行顶层设计，完善经济绿色转型推进机制、健全发展动能转换机制和完善城乡污染综合治理机制等，避免各地市陷入“逐底竞争”的局面。[①] 二是动力机制。构建促进经济高质量增长的动力机制，尤其是与环境治理相关的生态产品价值实现机制、多元化生态补偿机制等。三是保障机制。通过健全环境治理政策法规、支持绿色产业发展的财政金融政策、壮大绿色经济人才队伍、提升全社会环境保护意识等措施，保障河北省在生态环境不断改善的前提下实现经济的高质量增长。

三　研究方法

第一，利用实地调研的方法，全面掌握环境污染、经济增长状况及其相关数据资料。笔者走访了河北省及河北各地市发展改革委、工信、生态环境等部门，并调研了钢铁、化工、建材等传统产业和电子信息、新能源汽车、生物医药等战略性新兴产业，努力收集一手资料。

第二，采用实证分析和规范分析相结合的方法，利用实证分析方法对数据进行加工整理，找到问题，采用规范分析方法对现有经济增长及其政策进行综合评价，剖析问题的根源。对于数据缺失和统计口径变化等特殊情况，咨询相关领域专家学者，听取他们对数据处理的建议。

第三，采用构建模型方法和要素分析方法，揭示环境治理与经济高质量增长之间的相关性，为探索经济高质量增长最优路径提供依据。依据生态环境部、国家发展和改革委员会相关数据和公报，对环

① 文中“逐底竞争”是指地方政府为了追求经济增长，不惜降低环境标准，发展或引进高污染、高排放产业的行为。

境污染的构成及其污染源进行分析，在此基础上，构建同时实现污染排放控制目标和经济高质量增长目标的数学模型，探索两者“双赢”的最优路径。

第三节　国内外研究文献综述

本节主要梳理环境治理与经济增长之间的相互关系及经济高质量增长影响因素、路径等方面的文献。环境治理的主体涉及政府、企业、社会组织和公众等多元主体，本节主要从政府环境治理视角对相关文献进行梳理。

一　环境治理与经济增长关系研究

环境污染与环境治理对经济增长均有影响，本书从环境污染与经济增长、环境治理与经济增长之间的关系展开分析。

（一）环境污染与经济增长

随着国家工业化进程的不断推进，环境污染伴随着经济增长逐渐演变为经济和社会问题，对经济社会发展乃至国计民生都产生了诸多不利影响，环境污染与经济增长之间的相互关系逐渐成为学界研究的热点。目前，学术界对环境污染与经济增长的研究主要集中在环境库兹涅茨曲线的实证检验、环境污染对经济增长的制约机理、经济增长对环境质量的影响效果等方面，主要观点包括环境污染抑制经济增长、经济增长加剧环境污染和经济增长改善环境质量三个方面。

1. 环境污染对经济增长具有负效应

20 世纪 70 年代，罗马俱乐部提出著名的“增长极限论”，该理论认为，由于自然资源的可耗竭性及环境污染带来的生态破坏，经济增长存在极限，且如果不加限制，将影响到粮食安全，最终人类生存将受到毁灭性打击。包群和彭水军从经济增长和环境污染的双向反馈机制入手，运用六类污染指标的联立方程，测算污染排放的产出效应。结果表明，工业固体废物、工业烟尘、二氧化硫三类指标污染排放的增加对人均产出水平影响不显著，化学需氧量、工业废水与工业粉尘三类指标污染物排放对人均产出水平具有负效应。[①] 杜颖通过区域实证研究认为，环境污染不仅无法带来经济增长，反而在相当程度上抵消了经济增长的成果，环境污染破坏生态、危害人类健康、影响农业生产、增加治理成本等负面因素可直接导致经济损失，通过保守估值方法估算，单大气污染一项就导致河北省当年生产总值减量3.8%，大气污染人均损失额超过了城镇居民人均可支配收入。[②] 黄茂兴和林寿富将环境作为一个重要的生产要素，构建内生增长模型，并结合中国30个省份的面板数据建立联立方程，分析了环境损害、管理与经济增长的关系。说明中国经济处在环境库兹涅茨曲线左端，意味着未来一段时间环境污染作为经济增长的反作用力将随着人均GDP增长不断上升，持续对经济增长发挥抑制作用。[③] 唐李伟在验证碳排放与经济增长之间的环境库兹涅茨曲线（EKC曲线）关系时，运用空间计量模型，证明中国区域碳排放存在显著的空间相关性，当本区域碳排放增加时，其邻近区域碳排放也增加；当本区域碳排放降低时，其邻近区域碳排放也降低，存在一定程度的“污染溢出”现象。[④] 世界银行2007年发布的《中国环境污染损失》报告显示，中国空气污染和水污染所造成的损失达1000亿美元，相当于当年实际国内生产总值（GDP）的5.8%。

2. 经济增长会加剧环境污染

从世界各国以往的实践经验看，不管是发达国家还是发展中国家，工业化前期，经济发展和环境保护意识水平低，人类对自然资源的无限制索取日益加深，随着工业化大生产的推进，经济增长突飞猛进，逐步形成对资源高投入、高消耗和污染物高排放的粗放型发展方

① 包群、彭水军：《经济增长与环境污染：基于面板数据的联立方程估计》，《世界经济》2006年第11期。

② 杜颖：《河北省经济增长与大气污染关系研究》，博士学位论文，中国地质大学（北京），2016年。

③ 黄茂兴、林寿富：《污染损害、环境管理与经济可持续增长——基于五部门内生经济增长模型的分析》，《经济研究》2013年第12期。

④ 唐李伟：《污染物排放环境治理与经济增长——机理、模型与实证》，博士学位论文，湖南大学，2015年。

式的路径依赖。虽然以资源投入驱动的经济增长效果显著，但对自然资源的无序开发和掠夺导致了生态环境的严重破坏，环境污染和资源枯竭给人类生产生活带来严峻挑战。国内外学者围绕经济增长对环境污染的影响开展了大量理论和实证研究。部分学者认为，经济增长必然带来环境污染，两者存在不可调和的矛盾。国内外一些学者通过研究国际直接投资（Foreign Direct Investment，FDI）、环境治理与环境污染的关系，提出了“污染避难所”假说①，认为发展中国家会通过降低环境治理标准的方式吸引污染企业到该国投资，从而为污染企业提供避难所，导致该国环境质量降低。② 另一些学者研究了地方政府竞争、环境治理与环境污染的关系，认为地方政府为了增加经济竞争优势可能会放松环境管制标准，在中国财政分权体制下，为了争夺流动性要素和固化本地资源，地方政府间的环境治理政策呈现“逐底竞争”的趋势，从而导致环境污染问题变得越来越严重。③ 此外，龙硕和胡军从博弈论的视角推论出污染企业与地方政府存在政企合谋，并最终导致污染加重。④

3. 经济增长有助于改善环境质量

有学者认为，经济增长与环境污染存在一定的正相关关系，经济增长能够降低环境污染。“污染光环”假说认为，跨国公司对发展中国家的直接投资能够显著改善当地的环境。盛斌和吕越认为，跨国公司能够带来清洁的生产技术，通过示范效应、竞争效应和学习效应产生技术外溢，提高当地企业生产过程中的资源利用效率。⑤ 刘叶认为，FDI 对环境质量产生积极作用，先进技术和国际化环保理念有效缓解

---

① “污染避难所”假说主要是指污染密集产业的企业倾向于建立在环境标准较低的国家或地区。

② Copeland，Taylor，“North-South Trade and the Environment”，*Quarterly Journal of Economics*，Vol. 109，1994.

③ 李永友、沈坤荣：《我国污染控制政策的减排效果——基于省际工业污染数据的实证分析》，《管理世界》2008 年第 7 期。

④ 龙硕、胡军：《政企合谋视角下的环境污染：理论与实证研究》，《财政研究》2014 年第 10 期。

⑤ 盛斌、吕越：《外国直接投资对中国环境的影响：来自工业行业面板数据的实证研究》，《中国社会科学》2012 年第 5 期。

了环境污染程度，尤其是规模效应、经济结构效应强化了 FDI 的积极作用。[①] 环境库兹涅茨曲线理论认为，人均收入与环境污染之间存在着倒“U”形的关系[②]，但是也有学者补充，不同国家的人均 GDP 和人均碳排放之间并不一定存在倒“U”形的关系，中国环境污染就存在着门槛效应。[③]

4. 中国环境库兹涅茨曲线检验

美国经济学家格罗斯曼和克鲁格等在经济增长和收入分配曲线的基础上，将环境质量和经济增长的关系用该理论进行解释，于 1995 年提出了环境库兹涅茨曲线。该理论指出，当一个国家 GDP 水平较低时，环境污染程度也较轻，随着经济持续增长，环境质量和经济增长之间呈现倒“U”形关系，即环境污染随着经济增长首先呈现不断恶化的趋势，当经济增长达到一定阶段后，环境质量开始呈改善趋势。国内外学者关于环境库兹涅茨曲线的研究结果呈现多种形态，包括倒“U”形、“U”形、“N”形、倒“N”形、“M”形、“W”形等。彭水军和包群在《经济增长与环境污染——环境库兹涅茨假说的中国检验》中通过实证研究指出，经济增长与环境污染是否存在倒“U”形曲线，受指标选取、估计方法和控制变量影响很大，结果存在不确定性。[④] 顾敏以人均 GDP 作为解释变量，以废水排放总量、工业废气排放量、二氧化硫排放量、烟粉尘排放量、工业固体废物排放量五个污染指标合成的环境污染综合得分作为被解释变量，将人口密度、财政公共预算支出、园林绿地面积、研究与试验经费支出占 GDP 比重作为控制变量，构建 EKC 模型，结果表明，辽宁省经济增长与

① 刘叶：《FDI、环境污染与环境规制——来自中国的证据》，博士学位论文，中央财经大学，2016 年。

② Gene M. Grossman, Alan B. Krueger, “Environmental Impacts of a North American Free Trade Agreement”, NBER Working Paper, 1991.

③ 韩玉军、陆旸：《经济增长与环境的关系——基于对 CO_2 环境库兹涅茨曲线的实证研究》，《经济理论与经济管理》2009 年第 3 期。

④ 彭水军、包群：《经济增长与环境污染——环境库兹涅茨曲线假说的中国检验》，《财经问题研究》2006 年第 8 期。

环境污染呈现左低右高且不断上扬的“N”形曲线。[①] 薛俭和丁婧用全国面板数据基于固定效应模型和GMME模型得出经济增长与环境污染呈现“N”形曲线关系，工业占比、资本劳动比率、出口贸易依存度与环境污染排放正相关，污染治理水平与环境污染排放负相关。[②] 方化雷从环境产权制度变革的角度，创新性地提出了长、短期环境库兹涅茨曲线新假说，他认为，短期内因环境产权制度成本或其他因素导致的成本高于环境租金，曲线呈现“N”形、“M”形等，随着经济增长和环境污染的同步提升，环境产权制度的建立和完善必将到来，届时经济增长和环境污染将发生良性互动趋势，从而呈现倒“U”形曲线。[③] 类似有关环境库兹涅茨曲线的研究还有很多，多以实证研究为主，如王敏和黄滢[④]、周茜[⑤]、张昭利[⑥]、王光升[⑦]等的研究结果均呈现多元化特征。

以上学者围绕经济增长与环境污染的关系从不同角度进行了研究，成果丰硕。环境污染在一定程度上抑制经济增长的观点存在广泛共识。在经济增长加剧环境污染还是改善环境质量以及环境库兹涅茨曲线的实证研究方面，由于研究者在指标选取和控制变量引进、区域资源禀赋差异、经济发展阶段不同等原因，结果呈现多元性，污染光环假说和污染天堂假说均有支持者，表明有关研究还存在一定局限性。但是，经过梳理相关文献观点可以发现，经济增长不会自动改善环境质量，支撑污染光环假说的绿色清洁技术扩散能力有限，这就为

---

① 顾敏：《辽宁省环境污染与经济增长关系实证研究》，《河北省环境工程学院学报》2020年第6期。

② 薛俭、丁婧：《经济增长、出口贸易对环境污染的影响》，《经济论坛》2020年第10期。

③ 方化雷：《中国经济增长与环境污染之间的关系——环境库兹涅茨假说的产权制度变迁解释与实证分析》，博士学位论文，山东大学，2011年。

④ 王敏、黄滢：《中国的环境污染与经济增长》，《经济学（季刊）》2015年第2期。

⑤ 周茜：《中国经济增长对环境质量的影响研究》，博士学位论文，南京大学，2013年。

⑥ 张昭利：《中国二氧化硫污染的经济分析——基于环境库兹涅茨曲线和贸易的角度》，博士学位论文，上海交通大学，2012年。

⑦ 王光升：《中国沿海地区经济增长与海洋环境污染关系实证研究》，博士学位论文，中国海洋大学，2013年。

提出环境治理对经济增长影响研究的必要性提供了客观依据。

（二）环境治理与经济增长

20世纪60年代，美国生物学家蕾切尔·卡逊（Rachel Carson）《寂静的春天》的出版，成功唤起人类的环保意识和环保行动。1972年，来自世界各地的30位科学家、经济学家和教育家组建了罗马俱乐部，委托美国麻省理工学院学者丹尼斯·梅多斯领导的研究小组提交了一份报告《增长的极限》，为人类可持续发展思想的产生奠定了基础。同年，联合国在瑞典斯德哥尔摩首次召开人类环境会议，会议的基调是我们“只有一个地球”，并发表了《人类环境宣言》，这标志着全人类对环境问题认识的觉醒。这一时期西方国家从公众到政府都已经认识到了环境问题的严重性，并开始采取了一系列行动。美国、日本等发达国家率先调整经济发展和环境保护的关系，用严格的环境治理手段基本解决了工业污染问题。但从全球范围看，大多数国家环境污染问题仍然比较严峻，尤其是广大发展中国家，由于人口规模大、工业化、城镇化、承接发达国家污染转移等因素，环境问题日益突出。

国外关于环境治理对经济增长的学术研究从20世纪50年代就开始出现，英国福利经济学家庇古（Arthur Cecil Pigou）提出根据污染所造成的危害程度对排污者征税，环境税是控制环境污染负外部性行为的一种经济手段，用税收来弥补排污者生产的私人成本和社会成本之间的差距，使两者相等，从而达到资源配置的最优效果。国内此方面的研究约始于20世纪90年代，陈刚和鲁篱通过中西环境污染法律治理的比较研究，指出行政管制、民事诉讼和环境税在治理污染中的积极作用。[①] 鲁篱梳理了环境税的历史沿革，以及在中国建立相关税制的构想。[②] 早期大多数国内学者借用了西方相关理论解释国内环境治理问题，但都有一定的局限性，即没有充分考虑环境治理对经济增长的影响。进入21世纪，国内外学者从更加多维的角度对环境治理

① 陈刚、鲁篱：《环境污染法律规制的比较研究》，《中国环境管理》1993年第4期。

② 鲁篱：《环境税——规制公害的新举措》，《法学》1994年第3期。

与经济增长的关系展开研究，成果极其丰硕，但由于研究方法、内容、维度以及个人学术背景的不同，研究结果呈现多元化特征。经过梳理，环境治理对经济增长影响的主要观点集中在正相关、负相关和不确定三个方面。

1. 环境治理促进经济增长

“波特假说”认为，适当的环境治理可以促使企业进行更多的创新活动，而这些创新将提高企业的生产力，从而抵消由环境保护带来的成本并提升企业在市场上的盈利能力。曾畅在中国中部地区地级市以上城市的实证研究中，利用熵值法分析了环境治理和经济增长现状，之后加入中介和控制变量建立模型，证明了波特假说的真实性，并指出中部地区城市环境治理明显促进经济增长，且经济增长具有空间正相关性，继而产生“标杆效应”。① 胡宗义等基于全国地级市面板数据，采取渐进双重差分方法，以城市人均 GDP 为被解释变量，基于稳健性分析得出经济相对落后地区环境政策对经济增长存在抑制作用，但随着经济水平提升，环境治理对经济增长的递增效应呈现持续增强的趋势。② 白佳琦在对长江经济带的区域研究中，以长江上、中、下游城市面板数据为基础进行实证研究，使用固定效应模型分别对总体效应和中介效应进行分析，得出无论是在整体层面，还是在加入物质资本、人力资本、政府支出规模和经济开放程度的控制变量后，环境治理对经济增长都表现出显著正向作用，但上、中、下游各城市存在一定差异性。③ 于潇运用中国省级面板数据检验不同的环境治理力度对技术创新、产业结构、国际直接投资、全要素生产率的影响，结果表明，环境治理对经济增长路径和绩效的影响存在差异，对地区产业结构优化具有明显正向作用，企业技术创新和国际直接投资也有一定正向作用，对全要素生产率影响不确定，而且存在区域差异

① 曾畅：《中部地区环境规制与经济增长关系研究》，硕士学位论文，南昌大学，2018 年。

② 胡宗义等：《环境规制强化的经济增长效应与机制研究》，《湖南大学学报》（社会科学版）2021 年第 5 期。

③ 白佳琦：《环境规制对长江经济带经济增长的影响研究》，硕士学位论文，四川大学，2021 年。

性，整体对经济增长影响为正但有限。①

2. 环境治理约束经济增长

古典经济学家提出的“遵循成本说”在起初阶段影响较为广泛，该理论认为环境治理必然致使企业增加治污成本，进而导致企业减少生产端投入，最终影响企业的产出水平。“遵循成本说”是在静态下分析环境治理对经济增长的影响，没有考虑到整个过程中企业面对治理行为采取的主动应对措施。靳祥锋在对山东省的实证研究中，认为在经济发展方式仍然较粗放的地区实施碳排放约束，会影响经济潜在增长率，对经济增速产生明显抑制作用。② 马喜立在对中国 9 个区域大气污染治理时的排放权管制进行模拟研究后认为，二氧化硫排放的管制导致中国名义 GDP 上升，实际 GDP 下降，变化幅度与治理强度呈正相关。③ 傅京燕和李丽莎通过对中国省际面板数据进行实证研究，发现污染治理与外商投资之间呈负向变化的关系，并且污染严重降低了中国经济发展质量。④

3. 环境治理对经济增长的影响具有不确定性

陈路在对武汉城市圈的实证研究中认为，环境治理对经济增长的影响作用非常小，而且存在个体随机效应，对技术进步的中介效应呈现先抑制后促进的趋势。⑤ 熊艳在对东北地区的实证研究中提出，环境治理对经济增长的影响并不会局限于“遵循成本说”和“创新补偿说”，而是受多方面因素的综合影响，从人均 GDP 角度和全要素生产率角度测度发现，环境治理和经济增长之间呈现非线性的“U”形

---

① 于潇：《环境规制政策影响经济增长机理研究》，博士学位论文，厦门大学，2019 年。

② 靳祥锋：《碳排放约束下的区域经济增长机制与对策研究：以山东省为例》，博士学位论文，天津大学，2017 年。

③ 马喜立：《大气污染治理对经济影响的 CGE 模型分析》，博士学位论文，对外经济贸易大学，2017 年。

④ 傅京燕、李丽莎：《环境规制、要素禀赋与产业国际竞争力的实证研究——基于中国制造业的面板数据》，《管理世界》2010 年第 10 期。

⑤ 陈路：《环境规制、技术创新与经济增长——以武汉城市圈为例》，博士学位论文，武汉大学，2017 年。

关系。[①] 夏欣在对东北地区环境治理与经济增长关系的实证研究中认为，环境治理对经济增长的影响具有显著的门槛效应，随着治理强度上升，经济增长呈现先升后降的趋势，治理强度低于门槛值时，两者呈现正相关效应，治理强度高于门槛值时，经济增长速度放缓，但仍有正向促进作用。[②] 沈阳在利用中国省际面板数据对环境治理影响经济增长的实证研究中认为，环境治理对经济增长的影响具有不确定性，从环境成本角度分析企业成本增加会影响经济增长。从技术创新角度分析，技术创新能提高生产效率，但企业因环境成本增加而挤压其他领域投资，进而带来不确定性。[③]

以上学者对环境治理与经济增长关系的研究表明，环境治理对经济增长影响的研究结论呈现多元性，甚至有对立的观点出现，但通过整体分析可以看出，“正相关”“负相关”“不确定”三者之间存在既矛盾又统一的辩证关系。总体来看，环境治理强度因地制宜的动态调整在引导传统经济增长方式向高质量增长转型方面具有显著积极作用。

二　经济高质量增长及其路径研究

国内学者对经济高质量增长的研究多集中于影响因素、增长路径和对策分析等方面。

（一）经济高质量增长的影响因素

任保平和邹起浩提出，新经济背景下高质量发展的新增长体系所实现的经济增长是结构转化机制、效率提升机制、创新驱动机制、利益协调机制等多方面机制综合作用的结果。[④] 张武林等认为，经济高质量增长的度量涉及经济增长速度、经济增长结构、经济增长创新、

① 熊艳：《环境规制对经济增长的影响：基于中国工业省际数据的实证分析》，博士学位论文，东北财经大学，2012年。

② 夏欣：《东北地区环境规制对经济增长的影响研究》，博士学位论文，吉林大学，2019年。

③ 沈阳：《环境规制对我国经济增长影响研究——基于财政分权的分组PVAR模型分析》，硕士学位论文，西北大学，2019年。

④ 任保平、邹起浩：《新经济背景下我国高质量发展的新增长体系重塑研究》，《经济纵横》2021年第5期。

经济增长共享协调四个维度。[①] 刘树成认为，经济增长质量的提高体现在经济增长的稳定性、可持续性、经济结构协调性、经济效益和谐性四个方面。[②] 傅元海和林剑威利用省际面板数据进行实证研究发现，外商直接投资和对外直接投资能有效促进东道国的经济高质量增长，高质量的外商直接投资带来的技术溢出效应促进东道国的技术进步和产业结构优化，进一步为对外直接投资提供动力。两者的良性交互作用通过技术进步和劳动要素优化配置促进经济高质量增长。[③] 台德进以安徽省为例，对包容性、绿色与经济高质量增长的关系进行研究，从经济高质量增长、社会公平、民生福利、绿色生产、环境保护五个维度构建基础指标进行测度，结果表明包容性和绿色增长对经济高质量增长具有明显促进作用，控制变量制度变迁、教育水平和城镇化水平对经济高质量增长起到间接且显著的推动作用。[④] 苏剑和陈阳认为，短缺经济条件下的优质供给能力决定经济增长质量。在产能过剩阶段，经济高质量增长主要依靠产品创新、产业结构升级、加强对外开放、技术进步、降低制度成本等方面。[⑤] 张平等在分析增强中国经济增长体制的韧性时认为，完成经济高质量增长转型需要依托拓展市场配置资源的功能和范围，强调在防范风险累计指标、监管中立性和制度性、宏观经济体制转型、增强系统协调性、消费升级、制度质量、创新和可持续增长等方面的努力。[⑥]

（二）经济高质量增长路径研究

张荣博和黄潇对现代服务业高质量增长的效应展开研究，他们通

---

① 张武林等：《经济高质量增长与碳减排的协同发展分析：以广西为例》，《阅江学刊》2019 年第 6 期。

② 刘树成：《论又好又快发展》，《经济研究》2007 年第 6 期。

③ 傅元海、林剑威：《FDI 和 OFDI 的互动机制与经济增长质量提升——基于狭义技术进步效应和资源配置效应的分析》，《中国软科学》2021 年第 2 期。

④ 台德进：《包容性、绿色与经济高质量增长关系研究——以安徽省为例》，《宜春学院学报》2019 年第 4 期。

⑤ 苏剑、陈阳：《从美国金融危机看经济的高质量增长》，《西安交通大学学报》（社会科学版）2019 年第 6 期。

⑥ 张平等：《高质量增长与增强经济韧性的国际比较和体制安排》，《社会科学战线》2019 年第 8 期。

过对重庆市和天津市政策效应的评价模型及个体案例的分析，表明产业结构优化、产业空间集聚、区域创新机制的政策实施能显著提升经济增长水平和质量。[①] 金乐琴在高质量绿色发展新理念和实现路径的研究中，对中国改革开放后绿色发展指标实施情况进行了梳理分析，同发达国家进行了对比研究，提出从发展规划、科技创新、产业和能源体系转型、完善治理制度等方面构建绿色高质量增长的实现路径。[②] 朱贝贝和刘瑞翔基于中国制造业视角，对如何提高经济增长质量进行了理论研究，认为发展先进制造业、加大对外开放力度、发挥创新在制造业结构转型中的作用能有效提高经济增长质量。[③] 刘家旗和茹少峰认为，西部地区应以技术进步为主导驱动力量加快转变经济发展方式，加强供给侧结构性改革、推进产业结构转型升级、发展直接融资市场、扩大对外开放四个方面作为实现经济高质量增长的路径选择。[④]

（三）关于河北省高质量增长的研究

在“中国知网”“国家哲学社会科学文献中心”等数据库中，关于河北省经济增长质量的研究成果数量较少，且多集中于从细分行业视角开展的对策性研究，其中部分论文的科学性、系统性和严谨性不够，只有少数学者在经济增长质量的评价与分析、结构性特征方面做了初步研究。谢栩翎等通过建立包括经济增长效率、结构、稳定性、生态环境、资源使用效率、福利变化与成果分配在内的多指标评价体系，运用层次分析法进行权重指标计算，得出 2009—2013 年对河北省经济增长质量产生较大负面影响的因素为通货膨胀率、就业变动率和消费率的结论，并建议从稳定物价、转变发展方式、产业结构升级、完善就业政策、培育和引导消费五个方面加以改善，促进河北省

---

① 张荣博、黄潇：《高质量发展背景下现代服务业经济增长效应研究——基于省级面板数据的实证分析》，《江汉大学学报》（社会科学版）2019 年第 5 期。

② 金乐琴：《高质量绿色发展的新理念与实现路径——兼论改革开放 40 年绿色发展历程》，《河北经贸大学学报》2018 年第 6 期。

③ 朱贝贝、刘瑞翔：《提升经济增长质量的理论逻辑及实现路径——基于我国制造业的视角》，《经济研究参考》2019 年第 9 期。

④ 刘家旗、茹少峰：《西部地区经济增长影响因素分析及其高质量发展的路径选择》，《经济问题探索》2019 年第 9 期。

经济高质量增长。[1] 陈志国和李爱兰对河北省市场主体的产业分布与特征、市场主体数量分布及其变动趋势、服务业及其变动状况三个方面进行分析，得出产业结构现代化和服务业结构优化已形成对河北省经济增长质量提升的支撑。[2]

通过梳理上述文献可以看出，相关学者在研究经济高质量增长方面更侧重评价指标体系的构建和对策分析，以理论分析为主，对区域经济高质量增长的实证研究还处于初步阶段。尤其是对于河北省来说，在环境治理强约束条件下如何实现经济的高质量增长，其研究的广度、深度和针对性还有进一步拓展的空间。

---

① 谢栩翎等：《河北省区域经济增长质量评价与分析》，《衡水学院学报》2016年第4期。

② 陈志国、李爱兰：《河北省经济增长质量的结构性特征》，《经济论坛》2004年第3期。

第二章

环境治理与经济高质量增长的相关理论

通过解析环境治理与经济高质量增长的概念，可以看出两者的行为主体相同，最终目标一致。通过剖析两者的理论基础发现，要实现环境治理与经济增长的最终目标，都需要在市场机制主导下，进行多元主体协作和政府主动干预。虽然环境治理手段和经济增长方式不尽相同，但两者的目的都是满足人民日益增长的美好生活需要，促进人与自然和谐共生。

第一节　环境治理与经济高质量增长概念解析

通过解析环境治理和经济高质量增长的概念与特征，了解两者的演进过程，准确把握环境治理和经济高质量增长的行为主体和本质，进而分析环境治理与经济高质量增长的共同之处。

一　环境治理的含义

（一）环境治理及其政策

"治理"（governance）一词来源于拉丁文和古希腊语，原意为引导、控制和操纵。在众多以往的研究中，治理被认为产生于西方文明，是随着社会制度形态从专制到民主的发展过程逐步产生的。现代社会早期的治理以政府权力为绝对中心，常常与统治、管理交叉使用。随着社会的不断发展进步，西方民众对政府单方面统治或管理的低成效、高成本产生不满，要求政府在公共事务管理中充分考虑公众利益，为公众提供更好的服务，进而要求自身平等地参与到政府在公共事务的决策中，于是当代“治理”由此产生。治理理论的创始人之一詹姆斯 N. 罗西瑙认为，“与统治相比，治理是一种内涵更为丰富的现象，它既包括政府机制，同时也包含非正式、非政府的机制”[①]。上述观点可以理解为治理既包含正式规则和制度，也包括非正式的制度安排。

伴随着各种复杂的公共事务增多，西方国家提出“多治理，少统治”口号，形成了民主治理、多中心治理、城市治理、环境治理、数字化治理等领域。治理理论和实践的发展推动了西方国家治理模式的转变和治理能力的提高。与传统国家强调统治，现代国家主张科层制、官僚制不同，国家治理理论强调政府与市场、社会主体全方位合作，突出公民与第三方的参与性。在关于治理的各种的定义中，全球治理委员会在 1995 年发表的报告《我们的全球伙伴关系》中作出的定义具有普遍权威性，该报告指出：“治理是各种公共的或私人的个人和机构管理其共同事务的诸多方式的总和，它是使相互冲突的或不同的利益得以调和并且采取联合行动的持续的过程。”[②] 治理的主要特征：一是治理不是一套规则条例，也不是一种活动，而是一个过程。二是治理的建立不以支配为基础，而以调和为基础。三是治理同时涉及公、私部门。四是治理并不只是一种正式制度，而确实有赖于各主体持续的相互作用。[③] 结合以上观点，本书认为，治理是公共管理领域的一种理念或策略，是统治或管理理念发展到高级形态阶段的产物，经历了治理主体由一元独治到多元平等共治，治理手段由强制命令向协商、调和、妥协转变，治理效果从政府追求自身利益到公共事

① ［美］詹姆斯·N. 罗西瑙主编：《没有政府的治理》，张胜军、刘小林等译，江西人民出版社 2001 年版，第 5 页。

② Commission On Global Governance, *Our Global Neighborhood: The Report of the Commission on Global Governance*, Oxford University Press, 1995, pp. 754-756.

③ 王培刚、庞荣：《国际乡村治理模式视野下的中国乡村治理问题研究》，《中国软科学》2005 年第 6 期。

务利益最大化的根本转变。

党的十八大以来，生态文明建设上升为国家战略，环境治理成为生态文明建设的重要抓手。党的十九大明确提出："构建以政府为主导，企业为主体，社会组织和公众共同参与的环境治理体系。"颜德如和张玉强认为，环境治理是指以政府为核心的多元主体为实现社会的可持续发展，借助一定理念、资源、权力对环境问题进行治理的过程。[①] 韩霞认为环境治理是在利用自然资源和环境的过程中，政府、企业和社会公众根据一定的治理机制和环保原则，作出科学合理的环境决策，按规定行使权力并承担相应的责任，最终达到绩效的最大化和可持续性。[②] 冯梦青认为，环境治理是一种社会化的管理行为，是环境和自然资源的控制与管理过程中所涉及的决策过程，该论述主要针对人类社会发展过程中对水资源、大气等自然资源引起的污染与破坏。[③] 汤睿认为，环境治理是为实现生态环境的协调和永续发展，在政府主导下，社会公众共同参与的对绿地、基础设施、城市面貌等方面进行的综合管理，并力求实现公共利益最大化的活动。[④] 还有学者从技术和生态学角度将环境治理定义为针对环境问题的技术性改进和处理。由此可以看出，国内学者对"环境治理"的界定更加多元化。总体来看，部分学者从治理理论出发进行研究，部分学者从环保技术角度出发研究环境治理。虽然研究的方法和路径有所不同，但均认同环境治理目标是公共利益最大化的观点。环境问题是全社会的公共问题，改善环境质量是全人类的共同诉求，环境治理的最终目的是促进人与自然和谐共生、永续发展。环境治理的价值导向直接影响环境治理过程中的合作方式、行为动机和配合策略，治理目标的一致性有助于形成全社会进行环境治理的合力。因此，本书认为，环境治理是指

① 颜德如、张玉强：《中国环境治理研究（1998—2020）：理论、主题与演进趋势》，《公共管理与政策评论》2021 年第 3 期。

② 韩霞：《甘肃省环境保护财政支出效率研究》，硕士学位论文，西北师范大学，2016 年。

③ 冯梦青：《我国环境治理跨区域财政合作机制研究》，博士学位论文，中南财经政法大学，2018 年。

④ 汤睿：《中国城市环境治理效率研究》，博士学位论文，东北财经大学，2019 年。

在人类的生产和生活中，由环境多元共治主体遵循生态文明理念，通过协调经济发展与生态环境综合利益最大化，并协同发挥环保作用和承担环境责任的途径或方式的总和。

环境治理政策是直接或间接解决环境问题的一种公共政策，是政府进行环境治理的主要工具。《生态文明建设大辞典》（第一册）将环境政策描述为“政府为解决一定时期内的生态环境问题，落实环保事业的发展战略，并达到预定的环境治理目标而制定的行动指导原则与举措”。环境政策体现了国家对环境保护的态度、目标和措施，已成为各国最重要的社会公共政策之一。国内外学者关于环境政策概念和内涵的研究颇为丰富，郭高晶认为，环境政策是某个时期国家为解决经济个体对生态环境产生的负的外部性影响而采取措施的总和，包括法律法规、条例、标准、指导方针、行动原则和目标措施等制度安排。① 苗颖认为，环境政策可从广义、狭义两个层面理解，广义的环境政策是权利主体以改善环境水平为政策目标而采取的强制或非强制行动。狭义环境政策是指政府机构采取强制措施解决生态环境问题的政策。② 国外学者认为，环境政策由确切的总体目标以及实现目标的手段两部分构成。③ 结合以上学者的研究，本书认为，环境治理政策是以政府为主体，统筹运用各种行政工具、市场手段和社会力量的综合效用，解决生态环境问题和提高生态环境治理水平的制度安排。

（二）环境治理的特征

由于环境问题形成的时间长、形成原因比较复杂，环境治理的难度比较大，并呈现整体性、系统性、区域性和科技性等特征。

整体性是指环境治理主体遵循统一的指导思想、政策制度、监管体制、监测体系、治理措施和评估标准等，结合治理主体自身职能和特点协同推进，形成环境治理合力。

---

① 郭高晶：《地方政府环境政策对区域生态效率的影响研究——基于2008—2017年省级面板数据的分析》，博士学位论文，华东师范大学，2019年。

② 苗颖：《环境政策创新及其绩效评估研究》，博士学位论文，大连理工大学，2017年。

③ ［美］保罗·R. 波特尼、罗伯特·N. 史蒂文斯主编：《环境保护的公共政策》（第2版），穆贤清、方志伟译，黄祖辉校审，上海三联书店、上海人民出版社2004年版，第41页。

系统性包括环境治理主体和客体的系统性，环境治理本身就是嵌入国家、市场和社会大系统中的。国家对环境问题的关注度、治理主体的绩效考核、问责机制以及对治理政策的支持，市场层面中企业环保责任、污染产业调整及从业人员培训，社会层面中社会组织、公众对环境问题的诉求及参与环境治理的渠道，以及政治、经济、技术、法律等治理手段的综合运用等方面，共同构成了治理主体的系统性。客体系统性是指生态环境本身就是一个具有内在联系的系统性的自然存在，山水林田湖草沙又有各自的系统性。在环境治理过程中，运用系统性制度和手段，统筹考虑生态环境各要素关系，对自然环境进行系统性治理。

区域性是指自然生态要素或产业的跨区域分布及污染的溢出性决定了环境治理要适应客观规律，运用跨区域的环境治理指导思想，建立区域间环境治理的合作机制。

科技性是指在环境治理过程中充分利用科技手段，重视科技手段在环境治理中的作用。科技是环境治理中必不可少的工具和技术支撑，环境质量改善、环境风险防控、生态环境治理和监管都离不开科技研发体系的支撑。

二　经济高质量增长的含义

（一）传统经济增长及其影响因素

经济增长是西方经济学中的一个特定概念，属于宏观经济范畴，一般表现为一个国家生产的商品和劳务总量的增加①，即社会财富不断增长的过程，通常用 GDP 或国民生产总值（GNP）表示。用现价计算的 GDP，可以反映一个国家或地区当前的经济发展规模，用不变价格计算的 GDP 一般用来计算经济增长的速度。经济增长受自然资源禀赋、物质资本积累、人力资本、技术水平、制度政策等要素的影响。关于经济增长的定义，具有代表性的是 1971 年美国经济学家西蒙·库兹涅茨在一次演讲中提出的概念，即“一个国家的经济增长，

① ［美］保罗·萨缪尔森、威廉·诺德豪斯：《经济学》（第十六版），萧琛等译，华夏出版社 1999 年版，第 417—419 页。

可以定义为向它的人民提供品种日益增多的经济物品这种能力的长期增长，而生产能力的增长所依靠的是技术改进，以及这种改进所要求的制度上和意识形态上的调整”。该定义包含三个方面的内容：一是将商品和劳务总量的持续增加作为经济增长的结果和标志；二是明确经济增长的源泉是技术进步；三是把实现经济增长的重要保证归结为围绕先进技术进行的制度和意识形态的调整。

古典经济学将资本存量与增量、技术进步、企业家作用、居民劳动、分工、市场扩大和制度效率等视为经济增长的重要因素。亚当·斯密认为，政府只要建立稳定的制度组织，用以维护好法律、正义和财产保护制度，有合适的市场规模和资本积累，通过劳动分工促使劳动生产率和利润率增加，形成新的资本积累，经济增长便可以实现。

马克思主义经济学认为，劳动力、资本、科学技术和制度是促进财富增加（经济增长）的决定性因素。劳动是经济增长的根本来源，资本要素本身并不创造价值，只是作为生产必不可少的部分参与价值生产过程，劳动才是创造财富的根本因素。资本是经济增长的前提，资本充足是简单再生产和扩大再生产的必要条件，在生产过程中将剩余价值投入扩大再生产过程，配合劳动力投入规模的扩大，带来经济增长。科学技术是一种知识形态的生产力，随着大工业的发展，科学技术被物化应用于生产过程，提高生产资料利用率和劳动者素质，提高劳动生产率，是经济增长的重要推动力量。制度是经济增长的关键因素，马克思把制度视为经济发展的内生变量，他认为，经济制度是人们在社会生产过程中形成的生产关系的总和，生产力决定生产关系，生产关系反作用于生产力，适合生产力发展的经济制度才能促进经济发展，反之则会阻碍经济发展。

现代经济学者主要从量的角度分析经济增长要素，形成了多元化的结论，主要包括生产要素投入量（劳动人数、受教育程度、性别比例、资本存量等）和要素生产率（资源配置效率、市场扩大率、知识进步等）两个方面。随着相关研究的不断深入，逐步丰富了生产要素种类，形成了以人力资本、非人力资本、资源配置、知识进展、规模经济、产业结构、技术进步、制度效率等为支撑的经济增长要素体系。由此可以看出，现代学者对经济增长的研究更加深入和全面。

总体来看，经济增长具有三个特性：一是经济增长必须能够量化，二是经济增长因受到多种因素影响而具有波动性，三是经济增长需要“看不见的手”和“看得见的手”协调配合予以保障。

（二）高质量增长的含义及其特征

随着全球经济的普遍增长，环境承载能力和经济可持续增长的矛盾逐渐凸显，资源节约型和环境友好型发展方式成为人类经济社会发展的必然方向，可持续发展概念的提出，引发了各国对经济增长质量的关注，绿色、环保、可持续等概念成为经济增长质量的重要考量因素。维诺德·托马斯和王燕在《增长的质量》中提出，实现平等教育、社会包容性和改善环境等都是高质量增长不可忽视的组成部分。① Acemoglu D. 将经济高质量增长定义为由生产率提高和技术升级所推动的经济增长，并发现高质量增长根源于经济和政治制度的改善。② 国内研究学者对经济增长质量的研究多集中在内涵、指标体系的构建和影响因素等方面。钞小静和惠康认为，经济增长质量的内涵更应注重增长过程和结果的考量，从增长过程视角观察，由经济增长的结构变动引发的生产要素从低收益部门向高收益部门流动，从而形成了结构收益。从增长结果来看，经济增长的目的不仅是要提高全社会福利水平，还要避免环境污染、资源枯竭，保持经济可持续发展。③ 傅家骥和姜彦福将高质量经济增长描述为，以社会财富净增长为主要特征，技术进步的贡献份额最大，居民所得效用和福利增加，经济保持持久增长力。④ 任保平认为，经济增长质量是指增长过程中国民经济发展的优劣程度，包括经济增长的效率、结构、稳定性、福利分配和

---

① ［印］维诺德·托马斯、［中］王燕：《增长的质量》（第二版），张绘等，中国财政经济出版社 2017 年版，第 61—99 页（第 4、5 章综合观点）。

② Acemoglu D.，“High-Quality Versus Low-Quality Growth in Turkey：Causes and Consequences”，*CEPR Discussion Papers*，2019.

③ 钞小静、惠康：《中国经济增长质量的测度》，《数量经济技术经济研究》2009 年第 6 期。

④ 傅家骥等：《高质量经济增长的实现要素分析》，《数量经济技术经济研究》1994 年第 3 期。

创新能力的提高等。[①] 林建海和刘菲认为，稳健的宏观经济环境、对外开放、转变增长动力、提高生产率、完善金融体系、发展服务业、绿色增长、提高人民福利是高质量增长的应有之义。[②] 任保平和邹起浩认为经济高质量发展的新增长体系应从要素生产率、结构优化、增长稳定性、资源环境代价、增长成果分享、经济竞争力、信息化能力七个方面重塑。[③] 可以看出，国内外学者对提高经济增长质量方面的研究颇为丰富，研究主要涉及经济增长质量的度量、内涵界定、指标体系构建等方面，虽然没有对“高质量增长”进行严格的学术性定义，但明确了经济高质量增长的基本特征，即增长动力主要依靠科技进步和技术创新、增长过程中生产要素配置科学合理、能源结构绿色清洁、稀缺资源高效利用、社会财富净增长且持续稳定、社会福利效用稳步提高、生态环境持续改善。

综上所述，在有关经济增长的研究中，学者对不同阶段的经济增长有一个不断深入的认识过程。本书认为，高质量增长是相对于现代经济发展初始阶段以粗放型增长方式实现的规模数量型低质量增长而言的，它是指一个国家或地区的经济按照传统的规模数量型路径增长到一定阶段后，突出体现在以质量、效率和动力的提升为核心标志，以全要素生产率、人力资本、技术进步等要素的优化组合以及产业结构、生态环境、能源强度、对外开放、成果共享等方面为考量标准的经济可持续增长。依据诸多学者研究成果，可以看出高质量增长具有以下特征。

1. 经济增长数量和质量相统一

按照人类社会由低级阶段向高级阶段发展的一般规律，经济发展领域由传统粗放型低质量增长向集约型高质量增长转变是大势所趋。高质量增长以追求更好的增长效果为目标，传统意义上的经济增长追求的是量的增长，即“有没有”，那么高质量增长的目标不仅包括量

① 任保平：《经济增长质量的内涵、特征及其度量》，《黑龙江社会科学》2012 年第 3 期。

② 林建海、刘菲：《如何实现高质量经济增长》，《银行家》2018 年第 12 期。

③ 任保平、邹起浩：《新经济背景下我国高质量发展的新增长体系重塑研究》，《经济纵横》2021 年第 5 期。

的增长，还包括质的提升，即“好不好”。量是质的基础和前提，质是量的目标和方向。高质量增长是集约型增长方式不断发展的结果，即在生产规模不变的情况下，依靠生产要素质量和利用率的提高，以及生产要素的优化组合、产业结构的优化升级，尤其是通过技术进步、管理创新、知识创新等方面的优势来驱动经济增长，其实质是提高经济增长的质量和效益。高质量增长通过创新性、高效率、可持续增长增强经济核心竞争力，带动综合国力、国际竞争力和人力资源的全面提升，对一个国家或地区的政治、文化、社会、生态文明产生正外部性影响，从而推动经济社会全面协调可持续发展，上述方面反过来又会促进经济高质量增长，形成良性循环。人类对经济增长的认识是逐步完善的，粗放型增长方式在当时的时代背景下是一种必然选择，如同资本的原始积累一样，发达国家经济增长也经历了由弱到强、由小到大、由低级向高级的发展过程。规模数量型增长带来的物质积累给技术进步和制度改良奠定了坚实基础。但是，随着经济规模的不断扩大，自然资源供给趋紧、生态环境质量恶化、能源短缺凸显等阻碍经济增长的因素也不断累积，迫使人类探索更为理性、科学的可持续经济增长方式。

2. 新发展理念是高质量增长的内在要求

在党的十八届五中全会上，党中央提出了创新、协调、绿色、开放、共享五大新发展理念。新发展理念不仅是引领经济高质量增长的指导思想，而且是经济高质量增长的内在要求。

（1）创新是经济高质量增长的动力源泉。它体现在经济高质量增长的全过程、各环节，包括技术创新、管理创新、制度创新等方面。技术创新可显著提高全要素生产率，降低单位 GDP 能耗，是引领经济高质量增长的重要动力。制度创新从优化管理制度和调整经济政策等方面为经济增长提供适宜的制度供给，对经济增长效率具有促进作用。以大规模要素投入换取经济增长的方式发展到一定阶段，边际收益递减明显，经济增长动能不足，自然资源和环境承载能力达到极限，这必然要求增长动力向创新驱动转变。微观层面的企业、中观层面的产业、宏观层面的政府都需要把创新放到首要位置，创新带来的技术进步和更好的制度政策供给能有效优化生产要素的组合方式，提高全要素生产率，而且有利于消除要素投入的边际收益递减限制，改变经济增长对自然资源、劳动力、资本投入的过度依赖，为经济高质量增长提供持久的强大动力。以中国为例，在规模数量型增长阶段，中国对科技创新的重视程度不够，研发投入不足，技术进步缓慢，中低端产业发展依靠引进国外先进技术进行模仿，高精尖产业关键核心技术严重不足，尤其是基础研究领域和高科技领域短板明显。近些年中国科技创新领域有了明显突破和长足进展，但与发达国家相比还有明显差距。研究表明，中国由科技创新带来的经济增长贡献率明显低于发达国家。

（2）协调主要表现为经济结构的协调，优化经济结构的重点是促进产业结构协调。国民经济中产业部门间及产业内部的协调，决定了资源配置的有效性。高效的资源配置引导生产要素在不同产业间合理分配，提高了资源利用率，推动经济持续健康增长。反之，产业结构不协调，资源配置效率低下，无效投入增加，有效产出不足，就会制约经济增长。优化产业结构主要体现在三次产业的投资分配与劳动力配置等方面，通过优化农业、工业、服务业所占比重，提高经济的稳定性、可靠性，实现经济的高质量增长。

（3）绿色体现在发展过程中注重经济增长、自然资源和生态环境的关系上。通过技术进步提高资源能源的利用效率，降低单位 GDP 能耗，大力发展绿色产业，从而不断提升绿色经济占 GDP 的比重。资源利用效率和环境代价是衡量经济高质量增长的重要因素，高速增长阶段以牺牲环境为代价的粗放型发展方式不可持续，高投入、高耗能、高污染的经济增长模式不仅造成了资源的极大浪费，同时对大气、水体、土壤等生态环境造成了严重破坏，还引发了一系列社会问题。实践表明，“先污染后治理”代价巨大，转变经济增长方式势在必行。例如，以煤炭、石油等化石能源为基础的能源结构，往往导致气候变化和生态环境恶化、经济增长的负外部性显著。应注重传统能源清洁的利用，大力发展风能、太阳能、地热能、生物质能等可再生能源，不断优化能源结构。通过技术创新和调整能源政策提高能源利用效率，构建安全、稳定、经济、清洁的现代能源体系，有利于降低单位 GDP 能耗，促进投资、就业和新产业发展，实现经济的可持续增长。

（4）开放是经济高质量增长的必然选择。高水平的对外开放是经济高质量增长的重要动力之一，它体现在对外贸易和利用外资的质量和水平能否促进国内产业结构优化、技术进步等方面，以此实现经济高质量增长。中国特色社会主义市场经济和改革开放使中国经济长期保持高速增长，创造了经济增长奇迹。在利用外资方面，改革开放后中国引进外资企业数量总体保持增长势头，加入世界贸易组织（WTO）后利用外资金额加速增长并保持稳定态势，外资质量和水平均有较大幅度的提升。从三次产业角度来看，第二产业是支撑中国进出口贸易的主要支柱，高附加值的第三产业在进出口贸易中相对薄弱，还有较大发展潜力。随着国内劳动力、土地、资源能源要素价格的上升以及国际形势的变化，中国出口增速放缓，单靠出口型经济不足以激发经济增长的潜在动力。目前，提升中国进口贸易比重和质量尤为重要，通过进口高水平产品和服务能有效引导国内产业结构调整，提高资源配置效率，推动第三产业健康发展，释放经济增长新动能。

（5）共享体现在社会公平。经济高质量增长不仅要增加全社会的财富，成果还应由更多的人共享。在经济增长过程中，应引导劳动力资源合理配置，充分保障居民就业，适当调整收入分配，缩小贫富差距。加大基本公共服务投资力度，增加公共基础设施支出，让全社会各阶层分享经济增长红利。实现共享既是经济高质量增长效果的直接体现，反过来又能促进经济高质量增长。以中国为例，改革开放后，中国 GDP 长期保持中高速增长，并于 2022 年突破 120 万亿元，人均 GDP 达到 12741 美元，但城乡收入差距、消费差距等问题仍然突出，影响了经济增长质量。根据国家统计局公报，2014—2022 年农村居民人均可支配收入由 10489 元增加到 20133 元，城镇居民人均可支配收

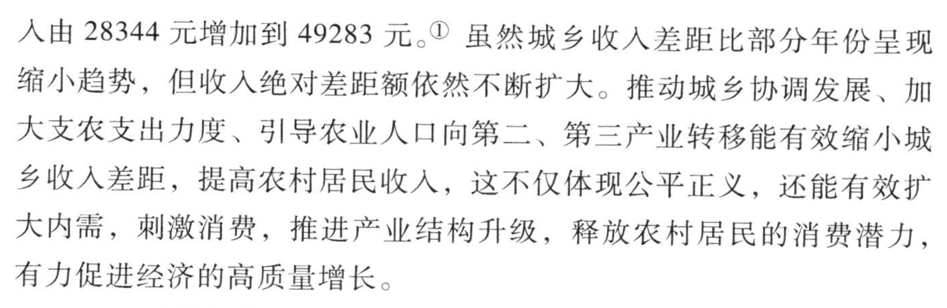
入由 28344 元增加到 49283 元。[①] 虽然城乡收入差距比部分年份呈现缩小趋势，但收入绝对差距额依然不断扩大。推动城乡协调发展、加大支农支出力度、引导农业人口向第二、第三产业转移能有效缩小城乡收入差距，提高农村居民收入，这不仅体现公平正义，还能有效扩大内需，刺激消费，推进产业结构升级，释放农村居民的消费潜力，有力促进经济的高质量增长。

3. 注重增长的高效和稳定

高效是衡量经济高质量增长的重要指标，从投入或产出角度表现为生产要素投入产出比，即产品或服务产出量与某种要素（土地、资本、劳动力等）投入量的比值，单位要素投入的产出量越高，生产效率越高，经济增长效率就越高。也可以用单要素生产率或全要素生产率衡量，即单位产出量所需要素投入越少，生产效率就越高。经济增长效率提升的实质是科技创新、人力资本、制度政策等因素优化作用的结果。稳定性体现在一定时期内经济增长速度保持在合理区间，避免出现剧烈波动是经济高质量增长的基础和前提。稳定性既受经济增长本身要素配置的影响，也受政治、经济环境、宏观调控、投资、消费、出口、产业结构、资源利用率等因素影响。

高质量增长全过程、各环节都体现着对传统经济增长方式的变革和完善，是经济增长数量和质量的统一。传统经济增长向高质量增长转变是必然趋势，高质量增长能够有效避免有增长无发展局面的出现，实现经济高效和稳定的增长。

三　环境治理与经济增长的一致性分析

（一）环境治理与经济增长的主体相同

一般来说，环境治理与经济增长的主体都包括政府、市场主体和社会主体，其中各级政府和派出机构组成政府类主体，企业和个人等构成市场类主体，社会组织、专家学者、社会公众构成社会类主体。

政府作为关键资源的拥有者，是环境治理与经济增长的重要主体，提供了有关环境治理和经济增长的各种公共产品。政府在环境治

① 根据《年度统计公报》“居民收入消费和社会保障”2014 年、2022 年数据整理。

理链条中处于主导地位，通过制定和实施环境政策、技术标准、提供环保基础设施以及示范推广等行为，推动环保法规的执行，引导其他主体参与环境治理。[①] 在经济增长方面，政府则通过制定经济发展战略、规划和政策，以及提供公共服务等方式推动经济的增长。

市场主体主要包括企业和个人。在环境治理中，企业作为最重要的市场主体，是主要的污染源，也承担着环境保护责任。企业本身不仅拥有一定的规模，还占据着重要资源与信息优势，客观上具备解决环境污染问题的能力。尤其是科技型企业，不仅可以通过环保技术、发明创造，有效改善高污染排放企业（如重工业企业）的环保压力，还可以通过政府购买、政企合作等方式参与环境治理。个人作为消费者和公民，其环保意识和行为也对环境治理产生重要影响。在经济增长中，企业是经济增长的主要推动者，通过技术创新、扩大生产规模等方式实现经济的增长；个人则通过消费、投资等行为参与经济增长。

社会组织是连接政府部门、知识群体、商业群体与社会公众的纽带与桥梁，包括非政府组织、研究机构等。非政府组织凭借对强大社会力量的号召力，在环境治理中发挥着重要的作用。社会组织通过提供环保咨询、监督企业环保行为、推动公众参与等方式促进环境治理，发挥对政府和市场失灵的补位作用。同时，它们可以为经济增长提供技术支持、政策建议等，推动经济的可持续发展。科研机构和专家学者利用专业知识、科研资源进行技术创新，为政府环境治理决策和企业减少污染排放提供技术支持和科学依据。社会公众是环境治理的重要推动力量，通过环境维权、监督和参与环保组织、环保活动等，监督环保政策的执行情况。此外，社会公众可以通过增加绿色消费，推动绿色产业成为新的经济增长点。

综上所述，环境治理与经济增长的主体行为并不是完全隔离的，而是相互关联、相互影响的。在环境治理过程中，政府、企业、社会

---

① ［瑞典］托马斯·思德纳：《环境与自然资源管理的政策工具》，张蔚文、黄祖辉译，上海三联书店、上海人民出版社 2005 年版，第 107 页。

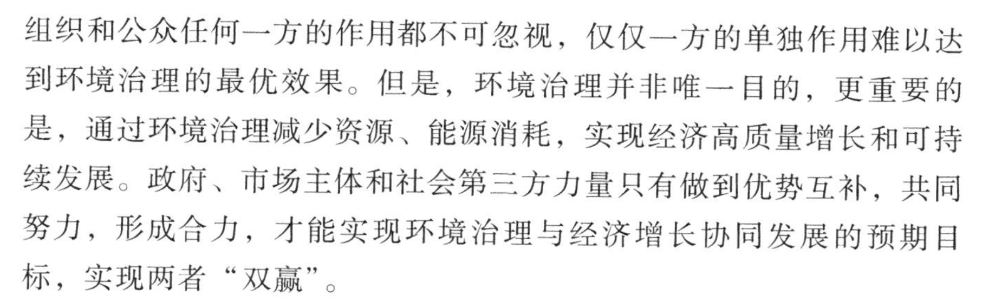

组织和公众任何一方的作用都不可忽视，仅仅一方的单独作用难以达到环境治理的最优效果。但是，环境治理并非唯一目的，更重要的是，通过环境治理减少资源、能源消耗，实现经济高质量增长和可持续发展。政府、市场主体和社会第三方力量只有做到优势互补，共同努力，形成合力，才能实现环境治理与经济增长协同发展的预期目标，实现两者“双赢”。

（二）环境治理与经济增长的最终目标一致

环境治理的最终目标是保护和改善生态环境，包括保护自然资源、减少各种污染物和温室气体排放、保护生物多样性等。通过采取有效的环境治理措施，提高生态环境质量，确保环境的可持续性，减少经济增长对自然资源的过度依赖，并最大限度地消减环境对人类健康和生活质量的负面影响。

经济增长的最终目标是提高人们的生活水平、促进社会繁荣和实现可持续发展。经济增长创造了就业机会、提高了人民收入、改善了基础设施、提供了更好的教育和医疗资源。这些因素可以提升人们的生活质量，并为社会进一步发展提供动力。

综上所述，环境治理与经济增长最终目标的一致性体现在可持续发展的理念中。可持续发展强调经济、社会和环境之间的平衡与协调，满足人类代际间对资源的需求和对良好生态环境的追求。环境治理是经济可持续增长的必要条件，良好的环境可为经济增长提供稳定的资源和生态支持。同时，环境治理创造了新的经济增长点和更多的就业机会，推动了经济的持续增长，从而满足了人民日益增长的美好生活需要，促进了人与自然的和谐共生。

第二节　环境治理与经济高质量增长的理论基础

一　环境治理理论

环境治理理论的发展主要受国家干预主义理论、市场自由主义理论和社会中心治理理论的影响，形成了环境国家干预主义理论、自由市场环境主义理论和环境社会中心治理理论。从治理主体看，三大环境治理理论从政府强制威慑逐步演进到全社会共同努力解决环境问题；从方式手段看，环境治理从单纯的国家干预转变为国家干预、市场引导和社会监督三管齐下。

（一）环境国家干预主义理论

环境国家干预主义理论是在特定历史背景下产生的，其根源可追溯至 20 世纪 50—70 年代的西方发达国家。当时，这些国家正经历经济的粗放式发展，这种发展模式以牺牲环境为代价，导致了生态环境的持续恶化。面对日益严峻的环境问题，民众开始意识到环境污染的严重性，并强烈要求政府采取措施来管控这一危机。在民众环境诉求日益高涨的压力下，西方发达国家开始采取行政命令、颁布法律法规等强制手段开展环境治理。这种环境治理模式以国家强制力量为推手，具有鲜明的权力威慑型特征。

（二）环境市场自由主义理论

20 世纪七八十年代，随着新制度经济学的蓬勃发展，环境市场自由主义理论应运而生。这一理论的形成，在很大程度上是由于环境国家干预主义理论在实际操作中显露出的诸多弊端。尽管环境国家干预主义在局部和短期内可能取得立竿见影的效果，但其高昂的整体环境治理成本、微弱的长期治理效果以及缺乏可持续性的特性，促使人们寻求新的解决方案。

环境市场自由主义理论着重利用市场机制和经济手段解决环境问题。它以庇古税和科斯定理为理论基础，通过一系列政策手段使污染者必须承担其污染行为造成的环境成本，从而实现污染的外部效应内部化。换言之，污染者需要为他们的污染行为支付相应的经济代价，这有助于减少污染行为、保护环境。

在具体实践上，环境市场自由主义理论倡导在环境治理领域引入环境税费、排污权交易等经济手段。这些手段能够有效地引导污染企业将其环境成本内部化，即通过支付环境税费或购买排污权，使污染企业直接感受到污染行为的经济压力，从而促使其减少污染排放，改

善环境质量。

（三）环境社会中心治理理论

从 20 世纪 80 年代至今，环境社会中心治理理论快速发展，该理论倡导通过民主协商、平等合作的方式，促进政府、企业、社会组织以及公众等多元主体间的沟通、协调、互动和监督，以共同应对并解决环境问题。在这一治理模式下，各主体被赋予更多的责任和不同的角色，它们在遵守相关法律法规和环境标准前提下，通过实行信息披露制度、参与自愿环境协议以及建立环境管理体系等政策工具，在全社会树立环境自主意识和自我规制意识，弥补市场失灵和政府失灵现象，从而更加全面、有效地解决环境问题。

二　经济增长理论

经济增长理论经过 200 余年的发展，历经了古典经济增长理论、新古典经济增长理论、新经济增长理论等阶段，这些理论分别对经济增长规律和制约因素进行了系统分析。

（一）古典经济增长理论

古典经济增长理论建立在重商主义的基础上，实现了由研究货币向物质生产领域研究的转变，主要由亚当·斯密、大卫·李嘉图、汤姆斯·马尔萨斯等对经济增长问题的看法和观点构成，具体包括亚当·斯密《国民财富的性质和原因的研究》中的“分工促进经济增长”理论、汤姆斯·马尔萨斯《人口原理》中的人口理论、马克思《资本论》中的两部门再生产理论等。亚当·斯密的核心观点认为推动经济增长的重要因素是分工和资本积累，投资是促进分工和资本积累的必要条件，而且投资受利润的驱动，因此，自由竞争和开放市场应成为政府政策制定的主旨。后来，收益递增、技术进步、提高劳动生产率、深度分工依赖市场容量的观点都成为经济增长理论的重要源泉。大卫·李嘉图认为经济增长理论研究应围绕收入分配展开，他主要研究工资、利润和土地租金的关系以及影响这些分配比例变化的因素，注重经济增长过程中劳动量的增加和资本积累的作用。由于受到土地边际收益递减规律的影响，二者的贡献越来越小，最终带来的经济增长有限。汤姆斯·马尔萨斯经济增长理论的研究主要从人口和需求方面展开，他认为，资本积累和生产扩张受到有效需求的制约，而土地报酬递减规律导致生产资料的增长速度难以跟上人口增长的速度，新增人口消费了大量积累，降低了投资率，主张通过控制人口和刺激有效需求推动经济增长。上述经济增长理论说明了经济增长过程中资本、技术、土地以及分工的重要性，同时不能忽视自然资源在经济增长中的特殊性，但由于受数据分析工具的发展限制，古典经济理论缺乏定量分析，以思想理论层面的定性分析为主。

（二）新古典经济增长理论

新古典经济增长理论建立在以供给和需求为核心的一般均衡理论基础上，引入外生技术进步因素来补充生产函数，解释经济增长问题。该阶段的主流思想主要是从理论层面研究和探索资本主义制度下经济增长的制约因素和条件。新古典经济增长理论的主要贡献在于将边际分析、一般均衡等分析工具引进到经济增长理论的研究中，代表学者主要有马歇尔、约瑟夫·熊彼特、哈德罗和多马、罗伯特·索洛等。马歇尔认为，经济增长与收益递增相联系，促进经济增长的因素包括人口数量和资本积累的增加以及技术水平的提高、组织分工与协作等，这些因素可以促使厂商的生产收益递增。约瑟夫·熊彼特引用创新理论解释资本主义的经济增长，他认为，在简单循环的静态经济环境中，创新可以打破由所有生产资源被充分利用以及生产资源投入量持续供应时形成的静态均衡状态，并且诱发超额利润的产生；另外，他认为创新活动的演进过程与经济增长的周期性变动相吻合。哈罗德—多马模型的建立为经济增长的相关研究提供了应用数理工具的科学范式，该模型将经济增长的相关研究由静态分析拓展到动态分析，引领了主流经济学研究经济增长问题的新模式。索洛—斯旺模型在哈罗德—多马模型的基础上引入了总量生产函数，构建了资本和劳动可以完全互相替代的经济增长模型。该模型描述了在完全竞争的经济中通过增加劳动供给和提高储蓄率能够推动经济持续增长，为现代经济增长理论发展奠定了基础。

（三）新经济增长理论

新经济增长理论也被称为内生经济增长理论，该理论把规模收益递增和内生技术进步作为经济增长的因素，解决了新古典增长理论假定规模报酬不变的缺陷。这一阶段的代表性人物有阿罗、罗默和卢卡斯等。阿罗认为，在经济增长中存在技术溢出，将技术进步当作由经济系统决定的内生变量，提出了第一个内生增长模型。他认为，决定经济系统增长的内生变量是技术进步，而非资本积累、人口增长等因素。罗默模型和索洛模型都认为资本积累并不是经济增长的关键，罗默在阿罗的研究基础上，提出了知识溢出模型，他认为，知识初期投入成本相对实物资本较高，但知识具有天然的外部性，且不可能完全保密或专利化，一旦被创造出来，就能以相当低的成本进行复制和传播。因此，知识积累和人力资本投资是经济增长的原动力。新经济增长理论使人们认识到知识、技术对经济的增长具有非常重要的作用，经济的持续增长有赖于具有技术进步的生产要素投入的增加。但是，由于其外生变量的假设条件过于严苛，无法解释经济制度和个人偏好对技术进步的作用，在一定程度上影响了新经济增长模型的普适性。

三 环境治理与经济增长理论的共同点

环境治理理论与经济增长理论存在多个方面的共同点，主要体现在多元主体协作、政府主动干预和市场主导三个方面。

（一）多元主体协作

环境治理理论强调多元主体在环境治理中的协作与共同参与。这些主体包括政府、企业、社会组织、研究机构及公众等，各主体通过信息共享、购买服务、签署合作协议、联合开展研究及技术创新等方式，共同推动环境保护和治理；经济增长理论也强调多元主体在经济发展中的协作与配合。政府通过制定宏观经济政策引导和调节经济发展，企业需要创新和提升竞争力以推动经济增长，而公众的消费和投资行为也是经济增长的重要因素。此外，金融机构、教育机构等其他社会组织在经济增长中发挥着重要作用。

（二）政府主动干预

在环境治理中，政府发挥着至关重要的作用。由于环境污染具有负的外部性，政府需要制定环境政策和法规以规范和约束企业的行为，通过监管和执法手段确保环境治理政策的落实。此外，政府需要投入资金和资源支持环境治理项目和技术研发；经济增长理论中的主动干预主要体现在政府通过财政政策、货币政策和产业政策等手段对经济进行干预。政府可以通过增加公共支出、降低税率、调整利率、产业补贴等方式刺激经济增长，也可以通过监管政策等手段维护市场秩序，保障经济的稳定运行。此外，政府需要提供公共服务、优化营商环境、支持科技创新等举措以促进经济增长。

（三）市场主导

环境治理理论中的市场主导模式强调利用市场机制解决环境问题。通过实施环境税费、排污权交易等经济手段，引导企业承担其污染行为造成的环境成本，使污染的外部效应内部化。这有助于激发企业的环保意识，推动其采取绿色生产和循环经济等可持续发展方式；经济增长理论也强调市场的主导作用。在市场经济条件下，企业通过市场竞争和创新实现经济增长，同时通过市场机制获取资源和配置资源，提高生产效率和经济效益。市场机制通过引导企业和个人进行投资和消费决策，推动经济增长和产业升级。

综上所述，环境治理理论与经济增长理论的共同点表明，环境治理与经济增长的主体基本一致，环境治理与经济增长不过是主体行为的不同方面，但都为主体利益服务。由于环境治理的敏感性与经济增长的重要性，政府倾向通过主动干预的手段，实现既定的目标。并且，在市场经济框架下，市场机制在环境治理与经济增长中都发挥了重要的基础作用。因此，解析环境治理理论与经济增长理论的共同点有助于更好地应对环境问题和经济挑战，实现环境治理和经济高质量增长的协同推进。

第三节　环境治理手段与经济高质量增长方式

环境治理手段与经济高质量增长方式之间存在相互促进、相互依存的关系。通过实施有效的环境治理手段，可以保障经济的持续增长和高质量发展；经济高质量增长方式对环境治理手段提出了更高的要

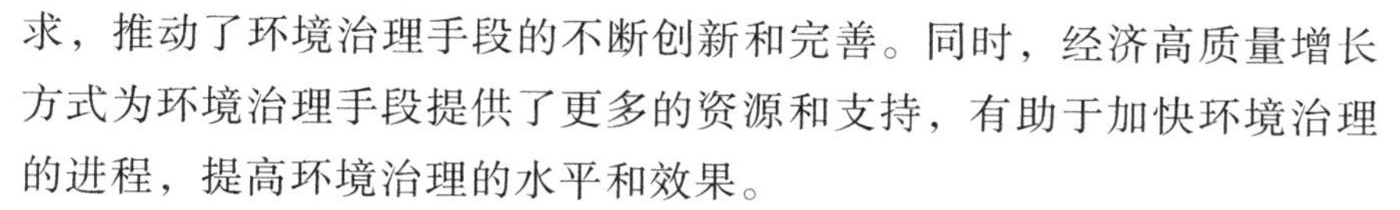

求，推动了环境治理手段的不断创新和完善。同时，经济高质量增长方式为环境治理手段提供了更多的资源和支持，有助于加快环境治理的进程，提高环境治理的水平和效果。

一　环境治理手段

环境治理手段是决定环境治理成效的重要因素，不同治理手段治理效果存在显著差异。目前环境治理手段主要包括行政手段、经济手段、法律手段、信用手段、技术手段等。

（一）行政手段

行政手段是环境治理中运用最早、持续时间最久的一种方式，长期在环境治理中发挥直接作用。行政手段是政府部门采用命令、规定、规章制度等行政方式，按照行政机构、区域划分实施环境治理的行为方式，具有强制性、权威性、时效性、层次性等特点。具体内容包括组建执法监督队伍对相关责任主体进行约束、监管，对自然生态环境进行监测和保护。利用排污许可、环境标准设定、监督检查、征收排污费用、行政处罚等方式对市场主体的环境行为进行干预。此外，环境信息发布、强制信息披露、信息提供激励、行政指导等手段也发挥着重要辅助作用。由于环境治理具有体系庞大，主体多元化、路径多样化的特点，需要各级政府部门相互配合、协调。行政手段虽然是环境治理的重要基础，但由于环境治理本身的复杂性和行政手段的局限性，过度依赖行政手段会造成治理成本高、治理效率低、治理效果达不到预期等负面结果。

（二）经济手段

经济手段是通过市场机制对企业生产或环境行为进行调节的一种办法。它是一种成本低、收益大、效果好的环境治理手段，具体包括对环境资源征税、收费、财政补贴或财政专项补助、排污权交易、企业信息披露等经济政策手段，其本质是运用市场的价格机制、供求机制、竞争机制提高环境治理水平。如对污染排放超标的企业采取惩罚性经济政策，降低金融信贷授信额度增加企业经营成本，引导其进行低碳转型，降低污染排放；对污染排放达标企业实行财政补贴、减免税收、返还保证金、给予信贷支持等手段促进企业可持续发展。

（三）法律手段

法律手段是指人大相关部门针对环境问题进行立法，运用法律、法规对环境问题进行干预和协调的方式。一般来说，企业和个人在市场经济条件下以追求自身利益最大化为目标，不会主动考虑自我约束而进行环境保护，法律手段则具有强制性和可操作性的特点，对企业或个人的环境违法行为具有显著的约束作用，从而有效保障环境公共利益。法律手段是环境治理的核心环节，不仅能有效制约环境污染行为，还能强化各行为主体的法律意识，提高环境治理的规范化水平。

（四）信用手段

信用手段通过建立环境保护信用体系，提高企业环保自律、诚信意识，形成环保激励约束的长效机制。信用手段主要包括企业环保信用记录归集共享、公开公示、信用评价及应用、信用承诺、第三方信用监管等内容，通过信用评价界定相关企业的环境信用级别，相关部门利用信用信息互通机制达到协同监管、联合惩戒的目的。信用手段是弥补政府失灵和市场失灵不可或缺的手段，在环境治理过程中的作用十分重要。

（五）技术手段

技术手段一般是指企业通过转型升级、优化生产工艺或流程、引进环保设备或技术来减少生产过程中的资源消耗和降低污染排放的行为。技术手段也包括政府部门牵头制定环境保护技术标准、环境科研机构在环保技术方面的研发。技术手段贯穿环境治理的全链条、各环节，不仅包括环保技术在生产端和末端治理的应用，还包括环境治理中各主体的协调、合作机制平台的搭建和现代信息技术在环境治理过程中的作用发挥等。

环境治理手段的效率因环境治理手段的不同特性而具有显著的差异性。一般情况下，行政手段效果直接，但治理成本高，整体效率一般。经济手段通过价格机制、供求机制、竞争机制实现资源优化配置的目标，是一种治理效率高、效果好且可持续的环境治理手段。信用手段和法律手段的目标是形成环境保护的长效机制，提高环境治理的规范化水平，对提升环境治理效率有重要的保障作用。技术手段在环

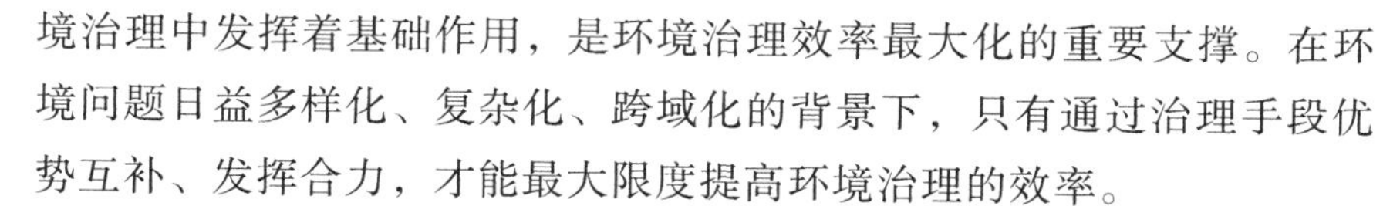

境治理中发挥着基础作用，是环境治理效率最大化的重要支撑。在环境问题日益多样化、复杂化、跨域化的背景下，只有通过治理手段优势互补、发挥合力，才能最大限度提高环境治理的效率。

二　经济增长方式

经济增长方式通常指决定经济增长的各种要素的组合方式以及各种要素组合起来推动经济增长的方式。按照马克思的观点，经济增长方式可归结为两种类型，即外延扩大再生产和内涵扩大再生产。[①] 外延扩大再生产主要通过增加生产要素的投入实现生产规模的扩大和经济的增长。内涵扩大再生产主要通过技术进步和科学管理提高生产要素的质量和使用效率，实现生产规模的扩大和生产水平的提高。

现代经济学从不同的角度将经济增长方式分为两类，即粗放型经济增长和集约型经济增长。粗放型经济增长方式是指在生产要素结构、质量、水平恒定条件下，通过增加资金、资源的投入提升产品的数量，是一种低质低效的规模数量型增长方式，其特点是高投入、高消耗、高排放、低产出，容易造成资源浪费，且生产效率低下。集约型经济增长方式是依靠生产要素（包括人力资本、技术进步、知识创新等）质量水平的提升，增加产品的数量和提高产品质量的实现方式，是一种质量效率型增长方式，其特点是低消耗、低排放、高质量、高效率。集约型经济增长方式不仅关注产品数量，而且把产品质量的提升放在了重要位置，更加关注全要素生产率对经济增长的贡献，具有经济增长效率高、产品竞争力强、环境代价低等特点。

在原始资本主义阶段，大多数国家以城市工业部门吸纳农业剩余劳动力的方式拉动经济增长，即劳动力投入驱动型的增长方式。在大工业资本主义阶段，西方发达国家依赖资本积累，采用资本投入驱动型的经济增长方式。工业化后期以来，西方发达国家主要依靠创新来驱动经济增长。创新型经济增长方式主要包括技术创新型增长和管理创新型增长两种类型。

---

① ［德］卡尔·马克思：《资本论》（第二卷），郭大力、王亚南译，人民出版社 1953 年版，第 71—77 页。

（一）技术创新型增长

约瑟夫·熊彼特在《经济发展理论——对于利润、资本、信贷、利息和经济周期的考察》一书中最早提出创新理论。他认为，所谓创新就是要“建立一种新的生产函数”，即“生产要素的重新组合”，把一种从来没有的关于生产要素和生产条件的“新组合”引进生产体系，以实现对生产要素或生产条件的“新组合”。[①] 技术创新一般包括技术引进、模仿创新、自主创新三种模式。从狭义上讲，技术创新是指高校、研究机构和企业研发部门在生产活动中通过新技术的研发和运用，打造新产品、新工艺和新服务的过程。企业可以优化生产要素的组合方式或开发新的生产要素，提高生产要素利用效率，改进生产方式，促进产业调整，最终带来经济的高质量增长。技术创新型经济增长是典型的集约型增长方式，具有技术优势突出、环境资源代价低、经济增长效率高、产品竞争力强等优势，是经济高质量增长的重要推动力。

（二）管理创新型增长

在技术创新周期不确定的情况下，管理创新在经济增长中的作用不可忽视，管理创新从实质上讲是一种集约型管理模式，管理创新的主体包括政府部门和企业。市场在资源配置中起决定性作用，政府发挥弥补市场失灵的辅助作用，良好的制度供给是政府发挥宏观调控作用的重要手段，合理的产业政策促进了产业结构不断优化和产业发展动能的转换。从经营主体视角来看，企业在生产经营活动中引进新的管理理念或方法，通过持续改进和优化管理流程和生产要素组合，达到更有效的资源整合，使企业的要素配置更加科学高效，从而实现提升企业生产经营效率的目的。企业管理的创新是经济高质量增长的重要路径，也是政府管理创新的基础和依据，政府和企业在管理创新方面的良好互动能够进一步促进经济的高质量增长。

此外，针对西方国家前期粗放型经济增长造成的资源浪费、环境

---

① ［美］约瑟夫·熊彼特：《经济发展理论——对于利润、资本、信贷、利息和经济周期的考察》，何畏等译，商务印书馆 1990 年版，第 73—75 页。

污染和生态破坏，国际上提出了可持续发展概念。经济绿色增长是可持续发展的重要内容，也是中国经济高质量增长的内在要求。经济绿色增长要求在确保大自然能够持续为人类的福祉提供各种资源和生态环境服务的同时，实现经济增长和发展。绿色增长是一种“追求经济增长和发展，同时又防止环境恶化、生物多样性丧失和不可持续地利用自然资源”的增长方式。[①] 在促进经济增长的过程中，着重对资源与环境进行有效保护，注重提高资源能源利用率，降低污染排放，大力推进清洁能源使用，通过绿色技术研发、推广和环境治理等手段，引导企业树立绿色发展理念，促进生产过程低耗能、低排放和低污染，实现绿色增长。绿色增长的过程和结果呈现资源消耗少、环境代价小、增长效益高等特点，具有明显的正外部性，能够带来最普惠的社会福利。

在经过了改革开放后 40 多年的经济高速增长后，中国经济逐步进入工业化后期阶段。党的十八大提出，中国经济增长要改变传统的劳动力以及资源能源驱动方式，实施创新驱动发展战略。当前，中国通过培养技术人才、提高研发投入强度等方式促进技术创新型增长；通过深化改革，构建高水平社会主义市场经济体制，推动管理创新型增长。为了实现人与自然和谐共生，中国大力进行环境治理，推动经济绿色增长。

① Michael, Marien, “Towards Green Growth”, *World Future Review: Strategic Foresight*, Vol. 3, No. 2, 2011, pp. 85-88.

第三章

环境治理对经济增长的作用机制分析

通过分析国内外文献可以看出，环境治理与经济高质量增长的关系比较复杂，如果采取的政策措施得当，环境治理对经济高质量增长具有促进作用；但是，如果采取的措施不符合本地经济发展的实际情况，也可能会制约经济增长。本章主要剖析环境治理政策的作用机制及其如何影响当地的经济增长。

第一节　环境治理的作用机制

“机制”（mechanism）一词最早源于希腊文，指的是机器各部分的构成和运行方式。深入解析机制需从三个角度进行：一是机器的功能是什么，二是机器由哪些部分组成以及为何选择这些部分，三是机器以何种方式工作以及为何选择这样的工作方式。将机制概念扩展到政府政策领域，首先需要明确政府政策的目标是什么，然后确定需要哪些部门发挥作用来实现这个目标，进而确定通过制定哪些政策推动相关部门发挥作用。此外，还需要思考政策工具如何作用到市场主体和社会公众等一系列问题。

环境治理政策的主要目的是保护环境、促进可持续发展以及提高人类生活品质。对于河北省来说，环境保护的重要性更为突出。在河北省的三次产业结构中，工业尤其是重工业的比重较大，导致河北省的污染排放量过大，整体环境质量较差，已经威胁到当地人民的身体健康。因此，进行环境治理是河北省经济高质量增长、可持续发展和建设生态文明必须采取的政策措施。

一 环境治理相关部门及其职能

环境污染形成的原因是多方面的，因此，环境治理也是一项综合工程。政府（广义政府）作为环境治理的主导者，需要协调很多部门协同发力，才能最大限度地消除环境污染。环境治理相关部门及其职能如下。

（一）拥有立法权的人民代表大会和常务委员会

人民代表大会和常务委员会通过制定、实施环境法律和法规，规范公民、企业和社会组织的环境行为，并对违规行为进行惩罚。这种机制通过建立法律框架，明确规定环境保护的标准和相应责任，强化环境保护相关法律法规的可执行性。

（二）税收、环保、财政、金融等部门

税收、环保、财政、金融等部门主要通过经济手段进行环境治理。税务部门通过税收、环保部门通过征收排污费用、财政部门通过补贴和奖励、金融部门通过提供绿色金融产品等措施引导全社会的环境友好行为。例如，政府设立环境保护基金，给环境友好型企业或可持续发展项目提供补贴或信贷担保，鼓励绿色技术的研发与应用，从而推动环保产业的发展。此外，通过排污权交易平台使企业间可以交易其排污权，有利于实现排污权的最优配置，从而达到企业减少污染物排放和经济增长协同推进的目的。

（三）监督部门

人民代表大会、政治协商会议和政府监督部门都有环境监督的权利。监督部门通过建立环境监测体系收集、分析和评估环境数据，以便监测环境状况、监管环境合规性并对监督结果进行反馈。监督机制为政策制定者反馈了环境治理政策实施的效果，让他们能够更准确地了解环境污染的严重程度和存在的各种问题。

（四）宣传部门

宣传部门通过公众参与和教育手段，鼓励公众参与环境治理决策的过程，增加公众对环境问题的认知和了解。通过开展环境教育和宣传活动，提高公众的环境意识，引导其参加环保行动。

（五）外交部门

环境问题有时会跨越国界，需要通过国际合作来解决。通过建立国际合作机制，共同制定国际环境公约和协议，推动全球环境治理和资源保护。对于河北省来说，环境污染主要来自自身及其周边地区，因此基本不涉及国际关系。

二　环境治理政策工具的传导机制

前文已经阐述，环境治理的政策手段主要包括行政手段、经济手段、法律手段等，而不同的政策手段又包括一系列政策工具。政府依据环境治理的需要，使用不同的政策工具，通过一系列中间环节的传导，最终实现政策目标。

行政手段主要是政府部门通过采用命令、规定、规章制度等行政方式，对相关责任主体进行约束、监管，对自然生态环境进行监测和保护，其传导效应如图 3-1 所示。政策工具包括行政许可、行政处罚等，政府通过颁发排污许可证、征收排污费用、违法罚款等方式对企业生产进行限制，增加企业经营成本，从而促使企业进行技术升级，减少污染排放。如果企业不能减少污染排放，行政处罚所带来的成本上升，将导致企业在市场竞争中处于不利地位，最终被市场淘汰。而污染企业无论是进行技术升级还是被市场淘汰，都将减少污染排放。

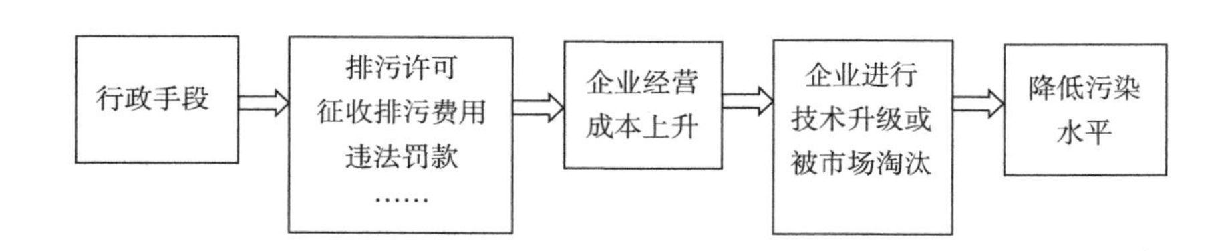

图 3-1　行政手段政策工具的传导效应

经济手段是政府通过市场机制对市场主体和社会公众行为进行调

节的管理办法，其传导效应如图 3-2 所示。经济手段的本质是运用市场的价格机制、供求机制、竞争机制等进行环境治理，主要政策工具包括税收、财政补贴、返还保证金、排污权交易、绿色金融等。一方面，对于污染排放企业制定排放配额、征收环境税，或者通过排污权交易获取排污权利，从而提高企业的污染成本，迫使企业转型升级；另一方面，通过对企业的污染治理行为给予财政补贴、返还保证金，以及给予支持环境治理的绿色金融政策，降低企业的技改成本，从而有利于企业技术升级和引进新设备。通过多种经济政策工具的综合运用，实现降低污染水平的最终目标。

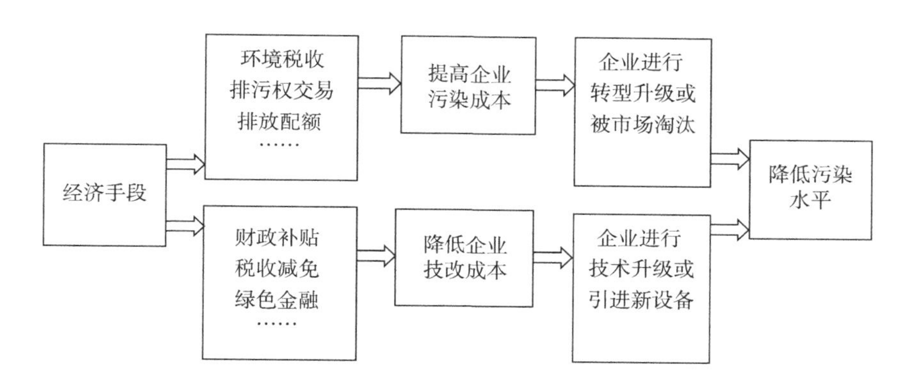

图 3-2　经济手段政策工具的传导效应

法律手段是指运用法律、法规对环境问题进行干预和管理的方式，其传导效应如图 3-3 所示。法律手段利用其强制性、暴力性的特点，对市场主体或社会公众的行为进行约束。若市场主体和社会公众违反了环境保护相关法律法规，并且造成了经济损失，企业和个人首先要承担民事责任，对环境污染的受害者进行经济赔偿。假如造成的经济损失巨大，甚至威胁到了人民健康和社会安全，就要追究污染排放者的刑事责任，企业相关责任人和个人会被判处管制、拘役、有期徒刑等，失去人身自由。环境法律法规对违法者起到了很大的震慑作用，严重的违法后果迫使市场主体和社会公众重视环境保护问题。

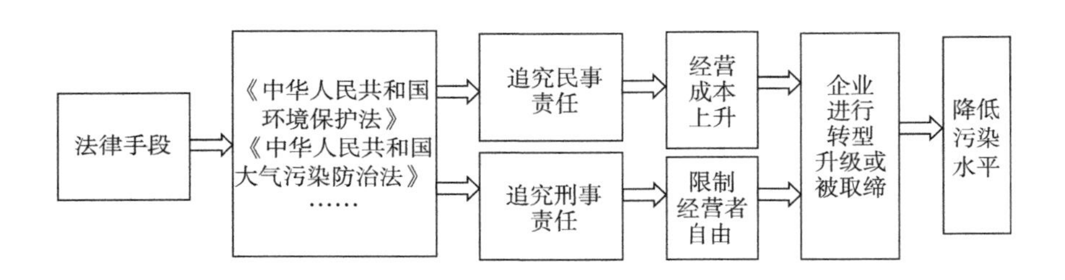

图 3-3　法律手段政策工具的传导效应

三　环境治理作用机制的构成

由于环境污染来源不同、类型多样，单一的政策手段效力有限。因此，政府通过对不同政策手段的综合运用，构建环境治理的激励机制、约束机制和保障机制，从而作用于市场主体和社会公众，最终实现环境治理的目标。具体如下。

（一）激励机制

罗宾斯和库尔特认为，激励通过设置目标，激发员工的自我效能，从而实现更高绩效水平的制度设计。[①] 激励机制是指综合运用多种激励手段，与激励客体相互作用关系的总和。激励机制一般是建立在对激励对象进行充分调查、分析和预测的基础上，通过设计各种奖励方式，调动激励对象的积极性。此外，还有对激励对象不当行为进行处罚的负激励机制。就环境保护激励机制来说，主要是政府通过各种奖励和惩处手段，调动市场主体和社会公众环境保护积极性和规范其环境行为的一种制度安排。

（二）约束机制

约束机制是指为规范组织成员行为，保证管理活动有序化、规范化，实现其既定目标而制定的具有规范性要求、标准的规章制度和手段的总和。约束的方式主要包括政策约束、市场约束、法律约束等。河北省进行环境治理，同样离不开约束机制。清晰、准确、全面的约束机制能够有效避免市场主体和社会公众危害环境的行为。

① ［美］斯蒂芬·P. 罗宾斯、玛丽·库尔特：《管理学》（第 11 版），李原等译，孙健敏校，中国人民大学出版社 2012 年版，第 431—432 页。

（三）保障机制

保障机制是为管理活动提供物质和精神条件的机制，是实现管理活动目标所应当具备的外部条件和外部环境，主要包括政治保障、法律保障、组织保障、资金保障、人才保障、技术保障等方面。党中央、国务院和河北省委、省政府一系列环境保护的方针、政策都是环境治理的政治保障，国家和河北省颁布的一系列关于环境治理的法律法规都是环境治理的法律保障，京津冀及周边地区大气污染防治领导小组、河北省生态文明建设领导小组等为河北省环境治理提供了组织保障。此外，充裕的资金、充足的人才和雄厚的技术实力也保障了河北省环境治理的顺利推进。

为了发挥这些作用机制，环境治理政策的制定需要具备相关性、一致性和可操作性，这样才能得到有效的执行和达到预期效果。此外，政策的持续性和政策间的协同性也很重要，需要在长期治理的基础上稳步推进，并与其他相关政策协调配合，以实现长远的环境保护目标和进行更加有效的治理（见图 3-4）。

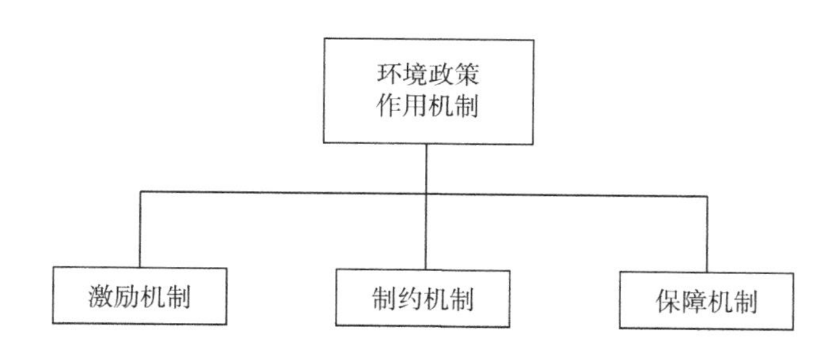

图 3-4　环境政策作用机制框架

第二节　环境治理对经济增长的促进作用分析

环境治理是经济高质量增长的内在要求，也是产业转型升级和技术创新的重要驱动力。在环境治理过程中，大量生态环境项目和生态产品投资成为新的经济增长点，拉动了经济增长。

一　环境治理是投资增长的内生动力

内生动力是指组织内部生存发展需要所产生的自发动力。所谓动力，主要是指机械做工所产生的各种作用力，例如由水力、电力、热力所产生的推力、拉力、压力、张力等。在内生动力概念中，动力主要是指推动企业、产业、技术等不断向前发展的力量。内生动力主要是指产自体制机制内部的力量，具有以下特点：一是自发性，内生动力主要产自机制、体制内部，而不是来自外部；二是持续性，内生动力能够产生源源不断的力量，能够持久地作用于目标。

很多学者对环境治理与投资的关系做了深入研究。张彬和左晖将环境治理作为新变量引入内生经济增长模型，得出一个重要结论，即要进行环境治理，就必须提高环保投资在投资总量中的比重，随着经济规模的不断扩大，环保投资的增速必须大于经济增长速度，才能保证环保投资在投资总量中的比重不会降低。① 此外，环保投资效率对经济增长也有影响。由于中国环境保护技术相对落后、环保投资经济效益较差、投资回报率较低，环保投资效率不高，环保投资对于经济增长的促进作用有限。侯景新和沈博文认为中国环境污染与经济增长的关系基本符合环境库兹涅茨曲线，即随着经济不断增长，中国人均收入也会不断增长，环境污染也会更加严重；当人均收入达到某一个点后，环境污染达到极大值；之后，随着人均收入持续增长，环境污染程度会逐步下降。但是，侯景新和沈博文通过数据验证提出，中国环境污染与直接投资呈负相关，即“污染天堂”效应在中国并不存在。中国对外开放和引进外资实际上降低了污染水平。② 朱磊等主要研究了碳排放控制与中国经济增长的关系，他们研究的结果表明，碳排放控制政策并没有明显抑制中国的经济增长，而高碳排放在某种程度上降低了中国经济增长的效率，因为碳排放控制政策淘汰的主要是

---

① 张彬、左晖：《能源持续利用、环境治理和内生经济增长》，《中国人口·资源与环境》2007 年第 5 期。

② 侯景新、沈博文：《经济增长与环境治理的 EKC 模型分析》，《区域经济评论》2015 年第 4 期。

低端产能和过剩产能，而新增产能是绿色的、高端的产能，即在中国清洁的经济增量替代了部分污染严重的经济存量。[①] 郝东恒和高飞分析了河北省 1997—2011 年的环境治理投资与地区生产总值的关系，河北省的经济增长与环境治理存在一定程度的正相关关系，增加对环境治理的投资，会在未来一段时期内促进经济的增长。[②]

当以经济增长内生动力的视角研究环境污染治理政策时，多数学者的结论是，随着经济的不断增长、环境治理政策的不断深入和实施，经济发展过程中会产生一定程度的规模效应、结构效应与技术效应，从而实现规模效益递增、产业结构日益优化、绿色清洁技术迅速发展并且得到越来越广泛应用的目的。此外，环境治理政策的实施可以激励投资者和消费者选择更加环境友好的项目和产品，从而推动环保产业的发展，促进绿色金融的兴起，带动相关投资和消费的增长，形成污染治理和经济增长共进的良性循环。

二　环境治理促进技术创新和产业升级

创新是引领经济高质量增长的第一动力。环境污染的主要来源是传统产业，尤其是运用传统技术、传统工艺和传统生产流程的工业企业，其对原料不能充分利用，单位产值的能源消耗量很大，导致废渣、废料、废气等排放量很大。当前，中国正在逐步迈入第四次工业革命，与蒸汽化时代、电气化时代和信息化时代相比，第四次工业革命的突出特点是智能化，引领第四次工业革命的产业主要包括人工智能、生命科学、物联网、新能源、新材料、智能制造、机器人等，而上述产业均为技术密集型产业，其发展主要依靠技术创新或产业升级。一般来说，企业进行技术创新，一方面是来自市场竞争的压力，另一方面是来自政府政策的压力。

环境治理要求企业采用更环保、低碳、清洁的技术和工艺，从而促进了企业对环境技术创新和研发的投资。环保产业和清洁生产生活

---

① 朱磊等:《环境治理约束与中国经济增长——以控制碳排放为例的实证分析》,《中国软科学》2018 年第 6 期。

② 郝东恒、高飞:《河北省环境治理投资与经济增长的关系分析》,《当代经济管理》2013 年第 12 期。

技术的发展推动了相关产业的转型升级，创造了新的经济增长点和就业机会。郝东恒和高飞研究发现，河北省环境污染治理投资每增长1%，将会带动地区生产总值增长0.6%。[①] 叶青和郭欣欣检验了中国2007—2017年30个省份的环保财政投入资金、绿色全要素生产率和环保技术进步间的关系，发现中国东部地区环境保护财政投入力度比较大，而中西部地区因为环境保护财政投入力度比较小，其绿色经济发展和环保技术进步相对东部地区明显缓慢。[②] 由此可以看出，不同学者通过检验不同年份的经济发展数据和环境保护投入数据，均得出了相似的结论。

综上所述，环境治理的积极结果如下：一是促进了资源的高效利用。环境治理要求降低排放，这就意味着强调资源的循环利用和保护，防止过度消耗和浪费。通过推行清洁生产、节能减排、发展循环经济等措施，可以有效提高资源的利用效率，降低生产成本，从而推动经济的可持续增长。二是减少环境风险与管理成本。环境治理有助于预防和减少因环境污染、生态破坏等导致的环境风险和生态灾难。环境污染和生态灾难往往会造成巨大的经济损失，对经济增长产生严重的不利影响。避免环境事故和生态灾难事件的发生，可以降低企业的环境管理成本和环境风险溢价，提升企业的竞争力和可持续发展能力。

三　环境治理促进生态系统服务的价值实现

环境治理强调生态系统的保护和恢复，这对维护生态平衡和提供生态系统服务至关重要。生态系统服务是自然环境和生态系统为人类提供的各种益处和价值，这些服务包括清洁水资源供应、无污染土壤保持、非异常气候调节、美好自然景观欣赏等，它们的价值可以通过生态旅游、生物多样性保护、碳市场交易等方式实现，为经济发展提供新的增长点。

古典经济学对生态系统价值进行了探讨。例如，大卫·李嘉图指

① 郝东恒、高飞：《河北省环境治理投资与经济增长的关系分析》，《当代经济管理》2013年第12期。

② 叶青、郭欣欣：《政府环境治理投入与绿色经济增长》，《统计与决策》2021年第9期。

出，商品价值不仅由直接劳动决定，还有间接劳动从中发挥作用。[①]他所指的间接劳动主要是指利用劳动工具等提高了劳动效率，但是，如果进一步发掘，也可以把间接劳动扩大到外部环境。例如，质量上等的粮食可以卖一个好价钱，那么这个价钱里面不但包括人的直接劳动，实际上还包括肥沃的土地等外部条件。从某种意义上讲，好价钱的一部分实际上是肥沃土地的生态价值。马歇尔的消费者剩余理论认为，消费者愿意支付的价格高于商品的生产成本，就会产生消费者剩余。消费者剩余的来源可能有很多方面，外部良好生态环境条件下生产的商品可能具备某种稀缺性的特征，导致消费者产生很大的消费者剩余。比如，河北省的深州蜜桃，因为当地特殊的土壤，深州生长的桃子个大味美，是一种不可多得的优质水果，其生产成本可能与其他地区普通的桃子没有太大差别，但是，消费者愿意支付更高的价钱购买。从本质上看，消费者愿意支付更高的那一部分价钱就是深州特殊自然环境的价值。

生态系统服务实质上是一种生态产品。生态系统服务既然是产品，那么生产这种产品就必须支付一定的成本，而消费这种产品也必须支付一定的价值。例如，去一个生态农村景点旅游，清新的空气、洁净的水、碧绿的森林和美丽的景色等都是生态农村提供给旅游者的生态产品。而旅游者在生态农村景点所支付的门票，在生态旅游过程中所购买的特色农产品、纪念品、食品、饮料，以及乘坐景区观光车，在景区住宿所支付的住宿费和餐饮费等费用，就是旅游者在生态农村旅游的成本，从另一个角度讲，这也是生态农村所提供生态服务的价值实现。在实践中，政府部门通过制定和实施经济激励措施，使生态系统服务的价值能够在经济活动中得到体现。例如，制定环境税收政策、建立生态补偿机制、推动生态农业发展等，可以激励市场主体采取可持续的经营方式，以保护和提升生态系统服务价值。未来，政府可将生态文明理念融入规划制定、政策引导、

---

① ［英］大卫·李嘉图：《政治经济学及赋税原理》，郭大力、王亚南译，凤凰出版传媒集团、译林出版社 2011 年版，第 7—10 页。

企业经营行为，通过促进经济、社会和环境的协调发展，推动资源的节约和利用，减少环境污染，强化生态保护，逐步实现生态系统服务价值的最大化。

保护和维护生态系统完整性是实现生态系统服务价值的基础。通过建立自然保护区、生态恢复工程、生态红线、国家公园等措施，可保护生态系统免受人类活动破坏，从而确保生态系统的多样性和稳定性，保证其持续提供各种服务和价值。科学管理和规划生态资源的开发利用对实现生态系统服务价值至关重要。合理分配水资源、科学利用国土资源、可持续管理森林、保持空气清洁，都可最大限度地保护生态系统，并确保其提供各种服务。另外，应加深社会公众对生态系统服务的认知，以及对其服务支付成本的理解，鼓励社会公众积极参与保护生态系统和可持续利用生态环境资源。通过中小学教育、高等教育、社会全方位宣传和社区深度参与等途径，促使社会公众采取一致行动，推动生态系统服务的价值实现，促进经济高质量增长。

第三节　环境治理对经济增长的制约作用分析

一般来说，企业要实施节能减排，就需要投入大量经费用于绿色技术研发和购买更环保的设备。政府进行环境治理往往也需要投入大量财政资金。而为改善生态环境，可能还需要化解部分高排放产业的产能。这些举措可能会导致地区经济增长压力加大和失业率上升，从而在一定时期内制约经济增长。

一　环境治理增加了企业运营成本

企业的运营成本分为内部成本和外部成本，内部成本主要包括生产成本、管理成本、财务成本等。生产成本包括企业经营过程中的租金、员工工资、原材料支出、能源支出等，这些是企业直接投入生产经营的成本；管理成本主要是领导、管理企业生产经营所支付的成本，包括行政管理支出、广告宣传支出等；财务成本主要是企业经营过程中支付的利息、税收支出等。上述成本构成了企业运营的主要内部成本。市场变化、政府政策改变等导致的企业支出构成了企业运营的主要外部成本。

环境治理政策是政府当前的重要政策，环境治理的主体之一就是企业。要达到环境治理要求的目标，企业必须投入大量资金购买环保设备、研发环保技术、改进生产工艺，从而减少污染排放和资源的消耗。以污染排放相对较多的生物制药行业为例，中国生物制药公司为实现“十四五”时期每百万营收温室气体排放量下降20%的目标，把可再生能源使用比重提升到46.2%，通过能源替代使公司每年减少的温室气体排放超过了2400吨。通过改进工艺，减少水资源的使用量，公司用水量下降了8.3%，有毒有害的废弃物排放也下降了3.4%，与此相对应，公司每年的环保投资总金额超过1亿元。[①]

依据中国2012—2021年工业污染治理投资统计数据，2014年，中国工业污染治理投资总计9976511万元，随后呈现逐年下降的趋势（见表3-1）。这表明中国前期工业污染治理投资数量很大，随着环保设备和环保工艺的采用，以及在绿色理念指导下产业的持续转型升级，中国环境污染严重的局面得到了初步改善。因此，中国工业污染治理的任务相对减少，相关投资也逐步下降。污染治理前期高昂的环保投入降低了企业的利润，使部分企业的产品研发投入增速有所下降，在某种程度上对企业的研发形成了挤出效应，可能导致这些企业市场竞争力降低。但随着企业绿色技术水平的不断提高，单位能耗和物耗显著下降，其产品的市场竞争力又会得到提升。

---

① 正大制药：《环保投入超亿元，中国生物制药“减碳”进行时!》，2023年7月12日，正大制药微信订阅号，https://mp.weixin.qq.com/s?__biz=MjM5MjA5Nzc1MA==&mid=2650354548&idx=1&sn=1d825db603a1963db5ca8ca8c5205c81&chksm=bea6e7cd89d16edbce63383b985cfcfcff10f15ea9bf0a2d92198770994daef35a4059844d72&scene=27。

表 3-1　2012—2021 年中国工业污染治理投资统计

单位：万元

年份	投资合计	治理废水	治理废气	治理固体废物	治理噪声	治理其他污染
2012	5004573	1403448	2577139	247499	11627	764860
2013	8496647	1248822	6409109	140480	17628	680608
2014	9976511	1152473	7893935	150504	10950	768649
2015	7736822	1184138	5218073	161468	27892	1145251
2016	8190040	1082395	5614702	466733	6236	1019974
2017	6815345	763760	4462628	127419	12862	1448676
2018	6212735	640082	3931104	184249	15181	1442119
2019	6151512	699004	3676995	170729	14168	1590616
2020	4542586	573852	2423725	173064	7405	1364540
2021	3352365	361241	2220982	36611	5437	728094

资料来源：国家统计局。

二　环境治理增加了政府财政压力

环境治理必然要加强对高污染、高排放产业的监管，限制传统高污染、高排放产业的发展。例如，制定严格污染物排放标准、关闭生产工艺落后的工厂等。这必将对传统的污染产业带来一定程度的冲击，加剧企业转型升级的压力。“十二五”规划和“十三五”规划时期，中国执行“三去一降一补”政策，开始大力淘汰落后产能。[①] 中国工业和信息化部数据显示，截至 2022 年底，全国共淘汰落后和化解过剩钢铁产能约 3 亿吨、水泥约 4 亿吨、平板玻璃约 1.5 亿重量箱。根据要求，2022—2025 年，还将有 270 多条水泥熟料生产线、1.9 亿吨产能退出。2025 年中国标杆产能比重要超过 30%，2500 吨/天及以下规模产能将陆续退出，水泥总产能再收缩 8.6%以上。淘汰落后产能后，中国污染排放量大幅下降，大气、水资源和土壤的质量明显改善，噪声污染等明显下降。但是，在淘汰落后产能的过程中，需

① “三去一降一补”即去产能、去库存、去杠杆、降成本、补短板。2015 年 12 月 18—21 日，中央经济工作会议在京举行。会议提出，2016 年经济社会发展主要是抓好去产能、去库存、去杠杆、降成本、补短板五大任务。

要大量的财政资金支出安置被淘汰企业的职工生活、给予经济补偿、增加新技能培训等相关事务，从而保证淘汰落后产能工作顺利推进。由于淘汰落后产能，企业纳税减少，财政收入相应减少，也在一定程度上增加了政府的财政压力。

实施环境治理包括建设环保基础设施、开展环境监测评估、制定和执行环境法规等，上述举措均需要大量的资金投入。依据公共管理理论和财政学理论，这些公共事务需要政府承担费用，因此会对财政支出造成一定的压力。表 3-2 为 2012—2021 年中国财政环境保护支出统计，2012 年，中国财政环境保护支出为 2963. 5 亿元，2019 年达到了 7390. 2 亿元，2021 年为 5525. 1 亿元，2013—2019 年，年均复合增长率达到了 13. 9%。2020—2022 年新冠疫情期间，一方面疫情防控占用了大量财政支出；另一方面由于新冠疫情，很多企业无法正常开工生产，中国污染排放量下降明显，用于污染防治的支出也相应减少。因此，2020 年中国财政环境保护支出为 6333. 4 亿元，同比下降了 14. 3%；2021 年支出为 5525. 1 亿元，同比下降了 12. 8%；2022 年支出为 5396. 3 亿元，同比下降了 2. 3%。2020—2022 年，虽然中国环境保护支出逐年下降，但是下降的幅度越来越小。随着新冠疫情的结束，经济发展继续在快车道上行驶，中国财政环境保护支出持续下降的局面将改变。

表 3-2 2012—2021 年中国财政环境保护支出统计

年份	国家财政环境保护支出（亿元）	增长率（%）
2012	2963. 5	12. 2
2013	3435. 2	15. 9
2014	3815. 6	11. 1
2015	4802. 9	25. 9
2016	4734. 8	-1. 4
2017	5617. 3	18. 6
2018	6297. 6	12. 1
2019	7390. 2	17. 3

续表

年份	国家财政环境保护支出（亿元）	增长率（%）
2020	6333.4	-14.3
2021	5525.1	-12.8

资料来源：国家统计局。

三　环境治理限制了部分资源优势产业的发展

中国是一个自然资源十分丰富的国家，矿产作为一种重要的生产资源，是中国经济社会发展的重要基础。例如，吉林省、辽宁省、黑龙江省的石油和煤炭资源比较丰富，山西省、陕西省拥有丰富的煤炭资源，山东省拥有丰富的黄金矿和煤炭资源，湖南省、河南省的铝土矿储量比较大，湖南省、江西省的有色金属矿储藏非常丰富，河北省的铁矿资源较多，天津市、江苏省的海盐资源丰富，等等。中国的矿产资源大多是共生矿或伴生矿，开采起来难度比较大，生产加工工艺相对复杂，在中国技术能力不足的情况下，矿产开采的污染排放量相对较大。以石油和盐为原料的化工产业为例，其在生产加工的过程中，废气、废液、废渣等的排放量也非常大。此外，矿产资源加工往往需要大量的能源消耗，如钢铁冶炼、铝土冶炼等。总体来看，矿产资源开发往往伴随着大量的污染排放和能源消耗。

随着中国经济的发展，各省份利用各自的矿产资源禀赋，积极发展矿产资源相关产业，矿产资源开采和加工的产业规模越来越大，在某些地区，自然资源开发产业或高能耗产业已经成为当地的支柱产业。在当前环境污染比较严重的背景下，国家首先要治理这些资源和能源消耗量比较大、污染排放量比较大的产业，限制这些产业的发展规模和速度，以减少环境破坏和资源消耗。例如，近年来，山西省煤炭产量虽然一直保持在10亿吨以上，占全国煤炭产量的1/3左右，但近年已经开始大力发展非煤产业。如2022年，制造业产值占山西省生产总值的比重由2017年的12.0%上升到15.2%。[①]

① 数据来自《山西统计年鉴（2023）》，并经过加工处理。

总体来看，中国的环境治理政策对资源消耗量大、污染排放量大的产业影响较大，上述产业在中国产业结构中的比重大多呈下降趋势。因此，在中国持续加强环境治理的背景下，更加严格的环境治理政策将迫使各地不断寻找更加清洁绿色的产业来替代传统产业，从而对一些地区的产业结构调整带来持续的压力。

第四章

河北省环境治理与经济增长的实证分析

工业生产必然带来污染排放，不同行业的产污系数有所不同。因此，不同产业结构的污染排放量差异也很大。在河北省的产业结构中，工业尤其是重工业占比较大，这种产业结构一方面对河北省经济快速增长贡献很大，另一方面导致了污染排放供给量与经济增长需求量之间的矛盾。

第一节　河北省主要污染物排放状况分析

一个国家的经济分为三大产业，分别是农业、工业和服务业，承担着丰富人民物质文化生活的重任。但是，在把不同原材料加工成各类生产资料和生活资料的过程中，必然要排放一部分污染物。本节主要分析不同工业行业的产污系数、污染物的主要来源以及河北省主要污染物的排放状况。

一　主要行业的产污系数

2011 年 9 月，中国生态环境部发布了不同产业污染排放系数清单，清单对中国 271 个行业在不同产品、不同原料、不同工艺、不同规模等级情况下的污染排放系数进行了说明。这份清单是中国目前最权威、最全面的一份污染排放系数清单，对中国环境治理具有重要的指导意义。

在三大产业中，存在一些污染排放较严重的行业，这些行业的污染排放是由自身的加工工艺所决定的，在没有取得重大技术突破之前，该工艺的排放系数基本稳定。污染排放主要包括废气、废水、废渣等物质，工业主要是进行商品的生产和加工，这也是污染形成最主要的过程之一。根据以往的数据可知，工业中污染排放量较大的产业主要包括钢铁、煤炭、水泥、化工、玻璃等，这些产业在很多地区规模较大，产值也较高，属于当地的支柱产业，这些行业排放的污染物是中国环境污染的主要组成部分。

（一）钢铁产业

在钢铁产业中，污染排放量大的行业不但包括炼钢行业、炼铁行业，还包括钢压延加工业、铁合金行业等，上述行业的产品、原料、工艺各不相同，污染排放系数也有差异，但从总体上说，钢铁产业全行业的污染排放系数较大。

以炼钢行业为例，炼钢行业产品结构较复杂。不同的产品按照原料、生产工艺和主体设备的生产能力等要素分为不同类型，然后再以不同类型统计污染物的产生量和排放量。一般来说，主体生产设备决定了炼钢的工艺，在很大程度上也决定了该工艺的污染排放量。炼钢的主体设备主要包括转炉、电炉和电渣炉。在中国，炼钢的主体生产设备主要是转炉和电炉。表 4-1 列出了炼钢行业主要产品主要工艺产污系数。

表 4-1　炼钢行业主要产品主要工艺产污系数

产品名称	原料名称	工艺名称	规模等级	污染物指标	单位	产污系数
不锈钢	废钢铬铁合金造渣剂	电炉法	所有规模	工业废水量	吨/吨-钢	5.694
				化学需氧量	克/吨-钢	495
				工业废气量	立方米/吨-钢	1550
				工业粉尘	千克/吨-钢	17.622
				工业固体废物（冶炼废渣）	吨/吨-钢	0.137

续表

产品名称	原料名称	工艺名称	规模等级	污染物指标	单位	产污系数
不锈钢	生铁水 铬铁合金 造渣剂	转炉法	所有规模	工业废水量	吨/吨-钢	6
				化学需氧量	克/吨-钢	435
				工业废气量	立方米/吨-钢	1500
				工业粉尘	千克/吨-钢	23.4
				工业固体废物（冶炼废渣）	吨/吨-钢	0.142

注：保留原数据表内数字位数。

资料来源：《生态环境部、财政部、税务总局关于发布计算环境保护税应税污染物排放量的排污系数和物料衡算方法的公告》附件2“生态环境部已发布的排放源统计调查制度排（产）污系数清单”。

（二）煤炭产业

煤炭产业包括烟煤和无烟煤的开采洗选业、褐煤的开采洗选业、其他煤类开采产业等，其中，烟煤和无烟煤的开采洗选业，还可以延展到焦化行业。煤炭开采工艺包括竖井、平峒、斜井三种开采井工方式，露天开采即通过剥离煤矿表层进行露天生产的开采方式，综采是指综合机械化采煤，即采煤机与自移液压支架配套联动连续生产的采煤方式。煤炭开采的排放物主要是废水，煤矿的废水量与开采煤层的富水条件有关，一般高富水地区排污量较大。表4-2为煤炭行业主要产品主要工艺产污系数。

表4-2　煤炭行业主要产品主要工艺产污系数

产品名称	工艺名称	规模等级	污染物指标	单位	产污系数
烟煤和无烟煤	井工开采综采	≥120万吨/年	工业废水量	吨/吨-产品	5.00
			化学需氧量	克/吨-产品	466
			工业固体废物（煤矿石）	吨/吨-产品	0.11

续表

产品名称	工艺名称	规模等级	污染物指标	单位	产污系数
烟煤和无烟煤	井工开采机采	≥120 万吨/年	工业废水量	吨/吨-产品	5.0
			化学需氧量	克/吨-产品	460
			工业固体废物（煤矸石）	吨/吨-产品	0.10
	露天开采	≥120 万吨/年	工业废水量	吨/吨-产品	3.4
			化学需氧量	克/吨-产品	272
			工业固体废物（煤矸石）	吨/吨-产品	0.11
		<120 万吨/年	工业废水量	吨/吨-产品	3.8
			化学需氧量	克/吨-产品	280
			工业固体废物（煤矸石）	吨/吨-产品	0.10

注：保留原数据表内数字位数。

资料来源：《生态环境部、财政部、税务总局关于发布计算环境保护税应税污染物排放量的排污系数和物料衡算方法的公告》附件 2“生态环境部已发布的排放源统计调查制度排（产）污系数清单”。

（三）水泥产业

根据水泥产业的现状，按产品、原料、工艺、规模等划分为以下几种类型：一是按产品分类分为水泥生产线和水泥熟料生产线，二是按原料分类分为水泥或水泥熟料生产线和水泥粉磨站，三是按工艺分类分为新型干法工艺和立窑工艺。水泥污染物包括工业废水、化学需氧量、工业废气量、烟尘、二氧化硫、氮氧化物等。表 4-3 为水泥主要工艺产污系数。

表 4-3　水泥主要工艺产污系数

原料名称	工艺名称	规模等级	污染物指标	单位	产污系数
钙、硅铝铁质原料	新型干法	≥4000 吨-熟料/日	工业废水量	吨/吨-产品	0.075
			化学需氧量	克/吨-产品	3.0

续表

<table>
<tr><th>原料名称</th><th>工艺名称</th><th>规模等级</th><th colspan="2">污染物指标</th><th>单位</th><th>产污系数</th></tr>
<tr><td rowspan="14">钙、硅铝铁质原料</td><td rowspan="6">新型干法</td><td rowspan="6">≥4000 吨-熟料/日</td><td rowspan="2">工业废气量</td><td>窑炉</td><td>立方米/吨-熟料</td><td>3964</td></tr>
<tr><td>工艺</td><td>立方米/吨-产品</td><td>1286</td></tr>
<tr><td colspan="2">烟尘</td><td>千克/吨-熟料</td><td>147.765</td></tr>
<tr><td colspan="2">工业粉尘</td><td>千克/吨-产品</td><td>51.765</td></tr>
<tr><td colspan="2">二氧化硫</td><td>千克/吨-熟料</td><td>0.132</td></tr>
<tr><td colspan="2">氮氧化物</td><td>千克/吨-熟料</td><td>1.584</td></tr>
<tr><td rowspan="8">立窑</td><td rowspan="8">≥10 万吨-水泥/年</td><td colspan="2">工业废水量</td><td>吨/吨-产品</td><td>0.14</td></tr>
<tr><td colspan="2">化学需氧量</td><td>克/吨-产品</td><td>4.2</td></tr>
<tr><td rowspan="2">工业废气量</td><td>窑炉</td><td>立方米/吨-熟料</td><td>2644</td></tr>
<tr><td>工艺</td><td>立方米/吨-产品</td><td>1691</td></tr>
<tr><td colspan="2">工业粉尘</td><td>千克/吨-产品</td><td>31.60</td></tr>
<tr><td colspan="2">烟尘</td><td>千克/吨-熟料</td><td>31.73</td></tr>
<tr><td colspan="2">二氧化硫</td><td>千克/吨-熟料</td><td>0.234</td></tr>
<tr><td colspan="2">氮氧化物</td><td>千克/吨-熟料</td><td>0.243</td></tr>
</table>

注：保留原数据表内数字位数。

资料来源：《生态环境部、财政部、税务总局关于发布计算环境保护税应税污染物排放量的排污系数和物料衡算方法的公告》附件 2“生态环境部已发布的排放源统计调查制度排（产）污系数清单”。

（四）玻璃产业

玻璃是一种非金属材料，是用石英砂、硼砂、硼酸、重晶石、碳酸钡、石灰石、长石、纯碱等为主要原料，加入少量辅助原料制成的产品。玻璃产业包括平板玻璃制造业、技术玻璃制品制造业、光学玻璃制造业、玻璃仪器制造业、日用玻璃制品及玻璃包装容器制造业、玻璃保温容器制造业、玻璃纤维及其制品制造业等行业。在玻璃产业中，平板玻璃制造业是最主要的玻璃行业，也是玻璃产业中污染排放量最大的行业。玻璃产业排放的污染物主要包括工业废水、化学需氧量、工业废气、二氧化硫、氮氧化物等，表 4-4 为玻璃主要工艺产污系数。

表 4-4　玻璃主要工艺产污系数

原燃料	工艺名称	规模等级	污染物指标		单位	产污系数
硅砂+油（重油、煤焦油）	浮法	日熔量≥600 吨	工业废水量		吨/吨-产品	0.28
			化学需氧量		克/吨-产品	88.75
			工业废气量	窑炉	标立方米/吨-产品	4115
				工艺	标立方米/吨-产品	1255/630.7
			烟尘		千克/吨-产品	0.633
			二氧化硫		千克/吨-产品	5.613
			氮氧化物		千克/吨-产品	4.37
硅砂+气（天然气、煤气）	浮法	日熔量≥600 吨	工业废水量		吨/吨-产品	0.2
			化学需氧量		克/吨-产品	58.86
			石油类		克/吨-产品	0.1
			工业废气量	窑炉	标立方米/吨-产品	3990
				工艺	标立方米/吨-产品	1255/630.7
			烟尘		千克/吨-产品	0.306
			二氧化硫		千克/吨-产品	3.263
			氮氧化物		千克/吨-产品	3.573

注：保留原数据表内数字位数。

资料来源：《生态环境部、财政部、税务总局关于发布计算环境保护税应税污染物排放量的排污系数和物料衡算方法的公告》附件 2“生态环境部已发布的排放源统计调查制度排（产）污系数清单”。

（五）化工产业

化工产业包括的行业比较多，领域比较广泛，生产工艺复杂，产品形式多样。从国家对化工产业的分类看，化工产业主要包括原油加工及石油制品业制造业、无机酸碱盐制造业、化肥行业、化学农药、医药化工等行业，其中规模比较大的行业主要是石油化学工业、焦化行业等。

一般来说，化工产业排放的污染物种类多、数量大、毒性高，全世界造成的重大污染事件几乎都与化工产业有关。同时，化工产品在加工、贮存、使用和废弃物处理等环节都有可能排放大量有毒物质，因此，化工产业极易污染环境和影响生态，是环境治理政策重点关注的对象。化工产业排放的污染物主要包括工业废水、化学需氧量、氨氮、工业废气、二氧化硫等。表 4-5 为石油化学工业主要产品和主要工艺产污系数。

表 4-5　石油化学工业主要产品和主要工艺产污系数

<table>
<tr><th>产品名称</th><th>原料</th><th>工艺</th><th>规模等级</th><th>污染物名称</th><th>单位</th><th>产污系数</th></tr>
<tr><td rowspan="5">常减压
中间
馏分油</td><td rowspan="5">原料油</td><td rowspan="5">常减压</td><td rowspan="5">>500
万吨/年</td><td>工业废水量</td><td>吨/吨-原料</td><td>0. 101</td></tr>
<tr><td>化学需氧量</td><td>克/吨-原料</td><td>210</td></tr>
<tr><td>氨氮</td><td>克/吨-原料</td><td>12</td></tr>
<tr><td>工业废气量</td><td>立方米/吨-原料</td><td>133. 02</td></tr>
<tr><td>二氧化硫</td><td>千克/吨-原料</td><td>0. 0793</td></tr>
<tr><td rowspan="6">催化裂化
汽油、
柴油、
煤油</td><td rowspan="6">重油
馏分、
蜡油、
渣油</td><td rowspan="6">催化裂化</td><td rowspan="6">>150
万吨/年</td><td>工业废水量</td><td>吨/吨-原料</td><td>0. 245</td></tr>
<tr><td>化学需氧量</td><td>克/吨-原料</td><td>1516</td></tr>
<tr><td>氨氮</td><td>克/吨-原料</td><td>98</td></tr>
<tr><td>工业废气量</td><td>立方米/吨-原料</td><td>916. 32</td></tr>
<tr><td>二氧化硫</td><td>千克/吨-原料</td><td>0. 586</td></tr>
<tr><td>工业固体废物
(废分子筛)</td><td>吨/吨-原料</td><td>0. 0012</td></tr>
</table>

注：保留原数据表内数字位数。

资料来源：《生态环境部、财政部、税务总局关于发布计算环境保护税应税污染物排放量的排污系数和物料衡算方法的公告》附件 2 “生态环境部已发布的排放源统计调查制度排（产）污系数清单”。

焦化行业是煤炭化学工业的一个重要部分。在炼铁、炼钢、有色金属冶炼等行业中，一般采用高温炼焦来获得焦炭和回收化学产品。焦炭可作为高炉冶炼的燃料，也可用于制造生产合成氨、电石等，是一种多用途的工业原料。焦炭排放的污染物主要包括挥发酚、氰化物、工业废气、工业粉尘等。表 4-6 为焦炭主要工艺产污系数。

表 4-6　焦炭主要工艺产污系数

原料	工艺	规模	污染物指标	单位	产污系数	末端治理技术名称	排污系数
炼焦煤	顶装	炭化室≥6 米	挥发酚	克/吨-产品	186.7	厌氧/好氧生物组合工艺	0.184
						好氧生物处理工艺	0.193
			氰化物	克/吨-产品	3.9	厌氧/好氧生物组合工艺	0.257
						好氧生物处理工艺	0.266
			工业废气量	标立方米/吨-产品	1275	直排	1275
					326	过滤式除尘法	335
			工业粉尘	千克/吨-产品	0.0032	直排	0.0032

注：保留原数据表内数字位数。

资料来源：《生态环境部、财政部、税务总局关于发布计算环境保护税应税污染物排放量的排污系数和物料衡算方法的公告》附件 2“生态环境部已发布的排放源统计调查制度排（产）污系数清单”。

除了工业，农业生产和服务业也会排放大量的环境污染物质。在农业生产中，广泛使用各种化肥和农药会造成污染，如氮肥、磷肥、杀虫剂等的过量使用或不当使用会导致土壤和水体的污染。在养殖业中，养殖废水和动物排泄物含有大量的氨氮、化学需氧量和悬浮物等，如果不能及时处理，会进一步污染土壤和水体。在服务业中，交通运输（尾气排放）、餐饮（油烟排放）等行业在运营过程中都会排放大量污染气体，其中包括氮氧化物、挥发性有机化合物等污染物。服务业中的餐饮、酒店、洗衣等行业在运营的过程中会产生大量废水，其中可能含有各种油脂、有机物、重金属等，导致水体富营养化，甚至进一步恶化成黑臭水体。

二　主要污染物排放溯源

2021 年，生态环境部开展了一系列污染排放源调查统计，在全国范围内调查工业企业 165190 家、污水处理厂 12586 家、危险废物集中处理厂 2013 家、生活垃圾处理厂 2318 家，其中，广东省、浙江省和河北省的调查对象数量较多，分别为18978家、18221家和12929家。[①] 在深入细致调查的基础上，相关调查数据对分析主要污染物源头分布具有重要指导意义。

（一）主要空气污染物及其来源

1. 二氧化硫

2021年，中国二氧化硫排放量为274.8万吨。其中，来自工业源头的排放量为209.7万吨，占76.3%；来自生活源头的排放量为64.9万吨，占23.6%；来自污染治理设施的排放量为0.3万吨，占0.1%。可以看出，工业是中国二氧化硫排放量的最主要的来源。从地域看，内蒙古、云南、河北、山东和辽宁的二氧化硫排放量较大，合计排放量为89.7万吨，占全国二氧化硫排放量的32.7%。从行业看，电力、热力生产和供应业，黑色金属冶炼和压延加工业，非金属矿物制品业居二氧化硫排放量的前三位。其中，电力、热力生产和供应业占30.6%，黑色金属冶炼和压延加工业占21.6%，非金属矿物制品业占19.1%，其他行业占28.7%（见图4-1）。[②]

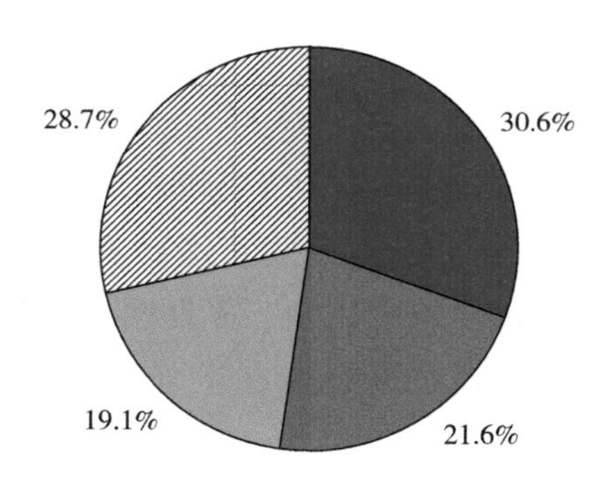

图4-1 2021年中国各行业二氧化硫排放统计

资料来源：生态环境部。

① 中华人民共和国生态环境部：《2021年中国生态环境统计年报》，2023年1月18日，中华人民共和国生态环境部网站，https://www.mee.gov.cn/hjzl/sthjzk/sthjtjnb/。

② 中华人民共和国生态环境部：《2021年中国生态环境统计年报》，2023年1月18日，中华人民共和国生态环境部网站，https://www.mee.gov.cn/hjzl/sthjzk/sthjtjnb/。

2. 氮氧化物

2021 年，中国氮氧化物的排放量为 988.4 万吨，其中，582.1 万吨来自移动源头排放，占比 58.9%；368.9 万吨来自工业，占比 37.3%；35.9 万吨来自生活排放，占比 3.6%；其他源头排放的氮氧化物为 1.5 万吨，仅占 0.2%。从地域看，河北、山东、广东、辽宁和江苏的氮氧化物排放量较大，这五个省份合计排放量为 334.3 万吨，约占全国氮氧化物排放量的 1/3。从行业看，电力、热力生产和供应业，非金属矿物制品业，黑色金属冶炼和压延加工业居氮氧化物排放量的前三位。其中，电力、热力生产和供应业占 33.1%，非金属矿物制品业占 27.3%，黑色金属冶炼和压延加工业占 21.7%，其他行业占 17.9%（见图 4-2）。①

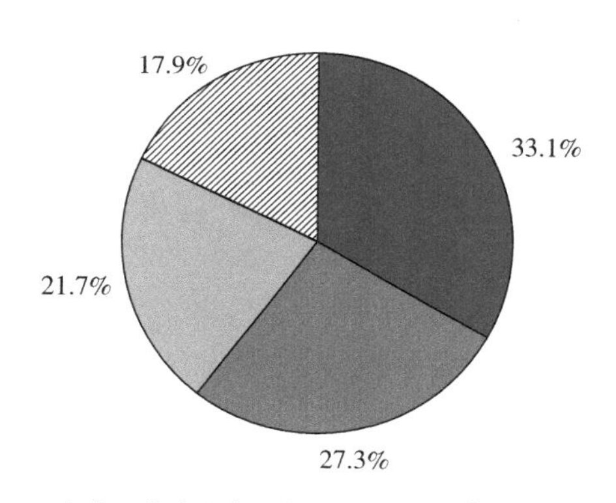

图 4-2　2021 年中国各行业氮氧化物排放统计

资料来源：生态环境部。

2021 年，中国大气中的颗粒物排放量为 537.4 万吨，其中 325.3 万吨来自工业，占比达到 60.5%；205.2 万吨来自社会生活，占比为 38.2%；6.8 万吨来自移动源头，占比为 1.3%；来自其他源头的颗粒

① 中华人民共和国生态环境部：《2021 年中国生态环境统计年报》，2023 年 1 月 18 日，中华人民共和国生态环境部网站，https://www.mee.gov.cn/hjzl/sthjzk/sthjtjnb/。

物排放仅为0.1万吨，可以忽略不计。从地域上看，内蒙古、新疆、黑龙江、河北和山西的颗粒物排放量较大，这五个省份合计排放量为247.1万吨，约占全国颗粒物排放总量的一半。从行业看，煤炭开采和洗选业、非金属矿物制品业、黑色金属冶炼和压延加工业居全国颗粒物排放量的前三位，三个行业的颗粒物排放量占全国的65.1%，达到211.9万吨。其中，27.5%为煤炭开采和洗选业排放，23.3%为非金属矿物制品业排放，14.3%为黑色金属冶炼和压延加工业排放，34.9%为其他行业排放（见图4-3）。①

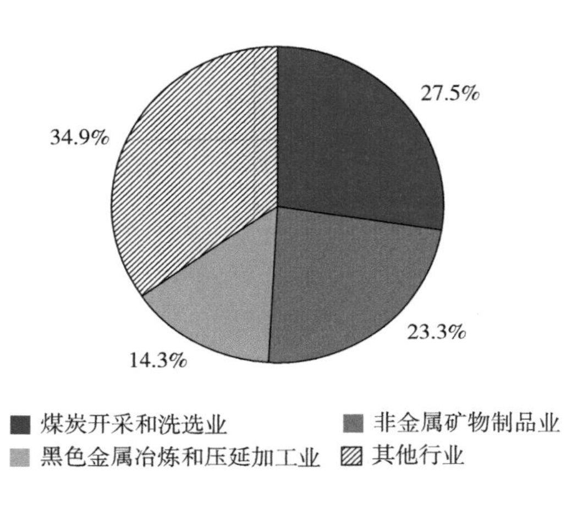

图4-3　2021年中国各行业颗粒物排放统计

资料来源：生态环境部。

（二）主要水污染物及其来源

1. 化学需氧量

2021年，中国化学需氧量的排放总量为2531万吨，其中，42.3万吨来自工业废水，1676万吨来自农业源头，811.8万吨来自生活污水，以上三大源头分别占全国化学需氧量的1.7%、66.2%和32.1%，仅有0.9万吨来自其他源头，可以忽略不计。从地域看，广东、湖

① 中华人民共和国生态环境部：《2021年中国生态环境统计年报》，2023年1月18日，中华人民共和国生态环境部网站，https://www.mee.gov.cn/hjzl/sthjzk/sthjtjnb/。

北、山东、河北和河南的化学需氧量排放较多，上述五省化学需氧量的排放总量为 776.5 万吨，在全国化学需氧量排放总量中的占比为 30.7%。[①] 从行业看，纺织业、造纸和纸制品业、化学原料和化学制品制造业居全国化学需氧量排放量的前三位，排放总量达到了 16.6 万吨，在全国化学需氧量排放总量中的占比为 44.1%。其中，16.3%为纺织业排放，14.0%为造纸和纸制品业排放，13.8%为化学原料和化学品制造业排放，10.4%为农副食品加工业排放，其他行业的排放量占比为 45.5%（见图 4-4）。

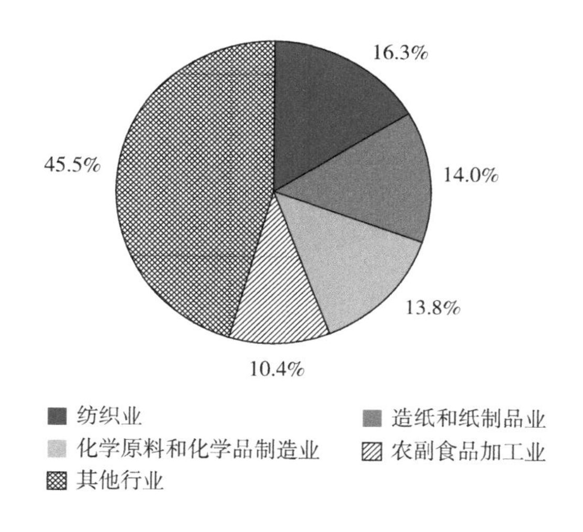

图 4-4　2021 年中国各行业化学需氧量排放统计

资料来源：生态环境部。

2. 氨氮

2021 年，中国氨氮排放总量为 86.8 万吨，其中，58.0 万吨为生活排放，26.9 万吨为农业排放，1.7 万吨为工业排放，生活排放、农业排放和工业排放占全国氨氮排放总量的比重分别为 66.9%、31.0%、2.0%。从区域分布看，广东、四川、湖南、湖北和广西的氨氮排量较

① 中华人民共和国生态环境部：《2021 年中国生态环境统计年报》，2023 年 1 月 18 日，中华人民共和国生态环境部网站，https://www.mee.gov.cn/hjzl/sthjzk/sthjtjnb/。

大，总计为30.8万吨，在全国氨氮排放总量中的占比为35.5%。[①] 从行业看，化学原料和化学制品制造业、农副食品加工业、造纸和纸制品业居中国氨氮排放量的前三位，其排放量总计为0.6万吨，在全国工业氨氮排放量中的占比为40.3%。其中，化学原料和化学制品制造业占比为20.5%，农副食品加工业占比为10.7%，造纸和纸制品业占比为9.1%，纺织业占比为8.9%，其他行业占比为50.8%（见图4-5）。

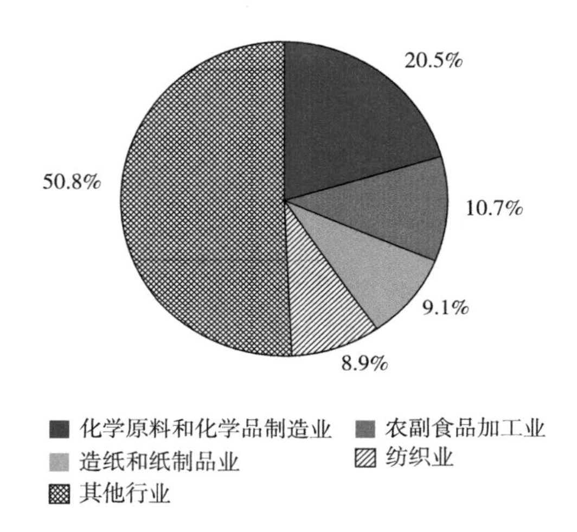

图4-5 2021年中国各行业氨氮排放统计

资料来源：生态环境部。

（三）固体废物、危险废物及其来源

1. 一般工业固体废物

2021年，中国一般工业固体废物产生量为39.7亿吨，综合利用量为22.7亿吨。从区域看，山西、内蒙古、河北、山东和辽宁的一般工业固体废物产生量较大，五个省份共产生一般工业固体废物17.8亿吨，占全国总量的44.8%。[②] 从行业看，电力、热力生产和供应业，

① 中华人民共和国生态环境部：《2021年中国生态环境统计年报》，2023年1月18日，中华人民共和国生态环境部网站，https://www.mee.gov.cn/hjzl/sthjzk/sthjtjnb/。

② 中华人民共和国生态环境部：《2021年中国生态环境统计年报》，2023年1月18日，中华人民共和国生态环境部网站，https://www.mee.gov.cn/hjzl/sthjzk/sthjtjnb/。

黑色金属矿采选业，黑色金属冶炼和压延加工业，有色金属矿采选业，煤炭开采和洗选业居中国一般工业固体废物产生量的前五位，上述五个行业产生的一般工业固体废物总量为30.5亿吨，占全国总量的77.0%。其中，21.9%来自电力、热力生产和供应业，14.9%来自黑色金属矿采选业，14.4%来自黑色金属冶炼和压延加工业，13.0%来自有色金属采选业，12.8%来自煤炭开采和洗选业，23.0%来自其他行业（见图4-6）。

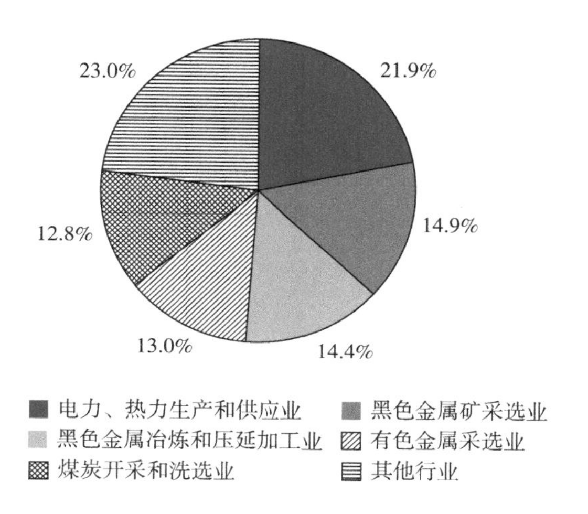

图4-6　2021年中国各行业一般工业固体废物产生统计

资料来源：生态环境部。

2. 工业危险废弃物

2021年，中国共产生工业危险废弃物8653.6万吨。从地域看，山东、内蒙古、江苏、浙江和广东的工业危险废弃物产生量较大，五个省份共产生工业危险废弃物3159.8万吨，占全国总量的36.5%。[①] 从行业看，化学原料和化学制品制造业，有色金属冶炼和压延加工业，石油、煤炭及其他燃料加工业，黑色金属冶炼和压延加工业，电

① 中华人民共和国生态环境部：《2021年中国生态环境统计年报》，2023年1月18日，中华人民共和国生态环境部网站，https://www.mee.gov.cn/hjzl/sthjzk/sthjtjnb/。

力、热力生产和供应业居中国工业危险废物排放量的前五位，上述五个行业产生的工业危险废物总量为5997.7万吨，占全国产生总量的69.2%。其中，19.7%来自化学原料和化学品制造业，15.9%来自有色金属冶炼和压延加工业，13.0%来自石油、煤炭及其他燃料加工业，11.0%来自黑色金属冶炼和压延加工业，9.6%来自电力、热力生产和供应业，其余的30.8%来自其他行业（见图4-7）。

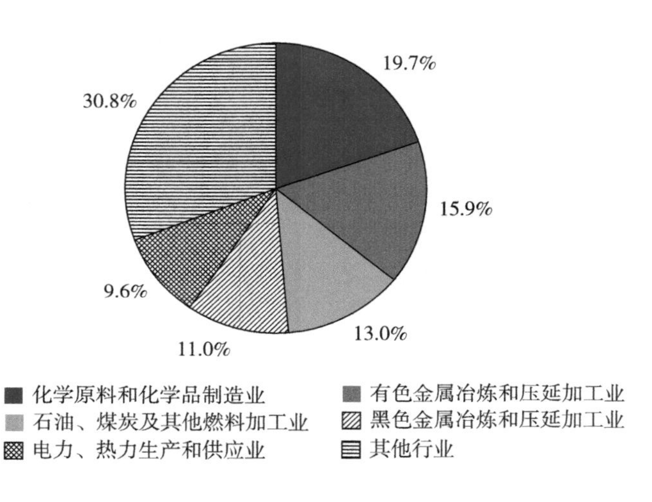

图4-7　2021年中国各行业危险废物产生统计

资料来源：生态环境部。

三　河北省主要污染物排放状况分析

改革开放以来，河北省的工业化快速推进，逐步建成了工业门类比较齐全的工业体系，尤其是重工业成为拉动河北省经济快速增长的主导力量。钢铁、煤炭、石油化工、电力、建材等产业成为河北省的支柱产业，产业结构偏重的副作用日益显现，重工业的生产向自然环境中排放废气、废水、废渣、废热等，对大气、水体和土壤造成了严重污染。煤炭燃烧排放的有毒气体有二氧化硫、一氧化碳，炼油厂废水中有硫化物、碱，电镀工业废水中有重金属（镉、镍、铜等）离子、酸和碱、氰化物等，工业生产和加工过程中产生的各种废渣、污泥、粉尘、危险固体废物等，其中存在着具有易燃性、腐蚀性、反应

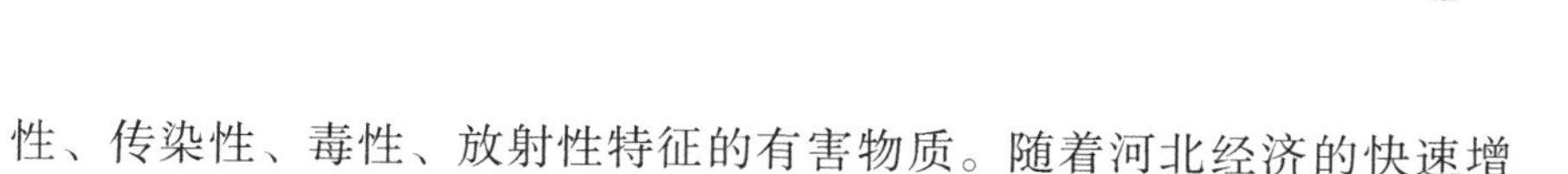

性、传染性、毒性、放射性特征的有害物质。随着河北经济的快速增长，上述污染物排放量越来越大。

（一）河北省主要污染物排放及其变化趋势

1. 空气污染物及其变化趋势

党的十八大以来，河北省委、省政府针对严重的空气污染，制定了严格的环境污染治理措施，坚决遏制各种空气污染物源头的过度排放。因此，河北省二级以上优良天数越来越多，从 2013 年的 129 天大幅增长到 2021 年的 269 天，二级以上优良天数增长了 140 天，年均增长率超过了 8.5%。自 2017 年起，河北省公布全省空气质量综合指数，2017—2021 年，河北省空气质量综合指数由 7.1 下降为 4.4，下降幅度达到 38.0%。因此可以得出，河北省的空气质量得到了明显的改善，如表 4-7 所示。

表 4-7　2012—2021 年河北省空气质量主要指标统计

年份	二级以上优良天数	空气质量综合指数	年份	二级以上优良天数	空气质量综合指数
2012	340[a]	—	2017	202	7.1
2013	129	—	2018	208	5.9
2014	152	—	2019	226	5.7
2015	190	—	2020	256	5.0
2016	207	—	2021	269	4.4

注：“—”代表数据缺失。

a. 由于中国《环境空气 PM_{10} 和 $PM_{2.5}$ 的测定重量法》于 2011 年开始实施，2012 年的数据尚未采用新的标准，2012 年的数据 340 天为旧标准。

资料来源：河北省生态环境厅。

河北省生态环境厅统计的主要空气污染物包括二氧化硫、二氧化氮、二氧化碳、氮氧化物等，衡量空气污染的指标主要包括空气中 $PM_{2.5}$、PM_{10}、二氧化硫和二氧化氮含量，二氧化碳、二氧化硫、氮氧化物排放量等。

从污染物排放量看，2012—2021 年，河北省二氧化碳排放量从 31416.0 万吨下降到 2017 年的 28499.0 万吨，2020 年又增长至

36600.0 万吨。二氧化硫排放量从 134.1 万吨下降到 2020 年的 16.2 万吨，2021 年又增长到 17.1 万吨。氮氧化物排放量从 176.1 万吨下降到 2020 年的 77.0 万吨，2021 年又增长到 82.2 万吨。

从污染物空气含量指标看，每立方米空气中 $PM_{2.5}$ 的含量从 2013 年的 108.0 微克下降到 2021 年的 38.8 微克，每立方米空气中 PM_{10} 的含量从 2013 年的 190 微克下降到 2021 年的 70 微克，每立方米空气中二氧化硫的含量从 2013 年的 74 微克下降到 2021 年的 10 微克，每立方米空气中二氧化氮的含量从 2013 年的 51 微克下降到 2021 年的 31 微克（见表 4-8）。

表 4-8　2012—2021 年河北省主要空气污染物排放统计

年份	$PM_{2.5}$（微克/立方米）	PM_{10}（微克/立方米）	二氧化硫（微克/立方米）	二氧化氮（微克/立方米）	二氧化碳（万吨）	二氧化硫（万吨）	氮氧化物（万吨）
2012	—	77	42	28	31416.0	134.1	176.1
2013	108.0	190	74	51	32529.0	128.5	165.2
2014	95.0	165	55	48	30861.0	119.0	151.3
2015	77.0	136	41	46	30527.0	110.8	135.1
2016	70.0	123	34	49	30413.0	78.9	126.8
2017	65.0	117	27	47	28499.0	60.2	105.6
2018	56.0	104	20	43	31480.0	49.0	96.5
2019	50.2	93	15	39	29537.8	28.7	101.7
2020	44.8	79	13	34	36600.0	16.2	77.0
2021	38.8	70	10	31	—	17.1	82.2

注：“—”代表数据缺失。

资料来源：河北省生态环境厅、中国碳核算数据库（CEADs）。

2. 河北省水资源污染物及其变化趋势

河北省监测的水资源主要是地表水，包括八大水系、湖库淀和近海海水。2012 年以来，河北省水资源污染状况得到了本质上的改善和提升。由表 4-9 可知，Ⅱ类水质和Ⅲ类水质基本保持稳定，并且其比重有所增长。河北Ⅱ类地表水水质由2012年的21.6%提升到2021年的33.1%；Ⅲ类水质由2012年的26.9%提升到2021年的28.8%；Ⅳ类水质由2012年的15.4%提升到2021年的28.1%，其比重提升了1.8倍；Ⅴ类水质和劣Ⅴ类水质属于严重污染的地表水，基本无法利用，因此也是河北省水资源治理的重点。经过河北省的大力度治理，河北省Ⅴ类水质和劣Ⅴ类水质由2012年的6.9%、29.2%分别下降至2021年的2.2%和0.7%。尤其是截至2022年底，河北省Ⅴ类水质和劣Ⅴ类水质指标均为0，完全消除了Ⅴ类水质和劣Ⅴ类水质，地表水质量得到了质的改善。

表4-9　2012—2021年河北省水资源主要分类指标统计

单位:%

年份	Ⅱ类水质	Ⅲ类水质	Ⅳ类水质	Ⅴ类水质	劣Ⅴ类水质
2012	21.6	26.9	15.4	6.9	29.2
2013	19.3	26.4	12.1	9.3	30.0
2014	23.7	21.6	16.6	5.0	32.4
2015	25.2	23.7	13.7	6.5	30.2
2016	25.8	23.2	8.2	8.8	32.1
2017	26.0	18.4	15.8	6.3	29.8
2018	28.9	12.7	21.1	12.7	18.1
2019	—	—	22.6	12.0	6.7
2020	—	—	26.2	6.2	2.4
2021	33.1	28.8	28.1	2.2	0.7

注："—"代表数据缺失。

资料来源：河北省生态环境厅。

河北省水资源污染物主要包括废水、化学需氧量、氨氮等。由表4-10可知，河北省地表水废水排放总量从2012年的305773.0万吨下降到2019年的104902.9万吨，之后又上涨至2021年的166796.5万吨；地表水化学需氧量从2012年的134.9万吨下降到2019年的22.4万吨，2021年又上涨到153.5万吨；地表水氨氮排放量从2012年的11.1万吨下降到2019年的1.8万吨，2021年又增长到3.7万吨。从上述数据看，河北省的主要水资源污染物一直呈现下降的趋势，这种趋势持续到2019年，2020—2021年，水资源化学需氧量和氨氮排放量又有所反弹，尤其是化学需氧量大幅度反弹，2021年的排放量甚至超过了2012年的排放量。

表4-10　2012—2021年河北省水资源主要污染物排放统计

单位：万吨

年份	废水排放总量	化学需氧量	氨氮排放量
2012	305773.0	134.9	11.1
2013	310920.5	131.0	10.7
2014	309800.0	126.9	10.3
2015	311000.0	120.8	9.7
2016	288794.6	25.2	6.2
2017	253685.0	48.7	7.1
2018	263000.0	44.0	6.3
2019	104902.9	22.4	1.8
2020	134261.6	127.4	3.2
2021	166796.5	153.5	3.7

资料来源：河北省生态环境厅。

3. 河北省固体废物及其变化趋势

固体废物主要包括一般工业固体废物和危险废物两大类。由表4-11可知，2012年，河北省一般工业固体废物产生量为45575.8万吨，2021年为40899.0万吨，相比2011年下降了10.2%；2012年，河北省危险废物产生量为49.2万吨，2021年为480.9万吨，相比2011年增长了9.8倍。2012—2021年，河北一般工业固体废物下降幅度较小，而危险废物的产生量不但没有下降，反而大幅上升。由此可以看出，在河北工业生产的过程中，对资源的利用不够充分，亟须进行产业转型升级，改善生产工艺和生产流程，从而降低固体废物产生量。

表 4-11 2012—2021 年河北省一般工业固体废物、危险废物统计

单位：万吨

年份	一般工业固体废物	危险废物	年份	一般工业固体废物	危险废物
2012	45575.8	49.2	2017	33000.0	190.0
2013	43288.8	64.5	2018	32000.0	244.0
2014	41928.0	39.0	2019	33981.0	277.0
2015	35400.0	58.2	2020	34081.0	357.5
2016	33236.2	93.7	2021	40899.0	480.9

资料来源：河北省生态环境厅。

此外，农业生产中化肥和农药的使用使土壤酸化和农药残留超标，形成大面积的土壤污染。噪声和光也会形成噪声污染和光污染。①

（二）从全国视角看河北省环境污染状况

1. 从全国视角看河北省空气质量状况

为贯彻《中华人民共和国环境保护法》和《中华人民共和国大气污染防治法》，保护和改善生活环境、生态环境，保障人体健康，国家制定了《环境空气质量标准》（GB 3095—2012），作为各省份环境治理的重要参照指标。

从河北省污染物浓度与国家环境空气质量标准指标看，河北省还有部分污染物浓度指标低于国家一级标准（见表 4-12）。河北省生态环境厅生态环境状况公报显示，2021 年，河北省空气中 $PM_{2.5}$、PM_{10}、二氧化硫、二氧化氮、一氧化碳年平均浓度分别为 38.8 微克/立方米、70 微克/立方米、10 微克/立方米、31 微克/立方米、1.4 毫克/立方米，臭氧日最大 8 小时平均为 162 微克/立方米。只有二氧化硫、二氧化氮、一氧化碳浓度低于国家一级标准，但是 $PM_{2.5}$、PM_{10}、臭氧浓度仍高于国家一级标准。

① 本书主要研究空气污染物和水资源污染物的排放，因此不对土壤污染、噪声污染和光污染进行深入研究。

表 4-12 《环境空气质量标准》（GB 3095—2012）部分指标

环境要素	污染物项目	平均时间	浓度限值		单位
			一级	二级	
环境空气	$PM_{2.5}$	24 小时平均	35	75	微克/立方米
		年平均	15	35	
	PM_{10}	24 小时平均	50	150	微克/立方米
		年平均	40	70	
	二氧化硫	1 小时平均	150	500	微克/立方米
		24 小时平均	50	150	
		年平均	20	60	
	二氧化氮	1 小时平均	200	200	微克/立方米
		24 小时平均	80	80	
		年平均	40	40	
	一氧化碳	1 小时平均	10	10	毫克/立方米
		24 小时平均	4	4	
	臭氧	1 小时平均	160	200	微克/立方米
		日最大 8 小时平均	100	160	

注：污染物名词解释详见附录。

表 4-13 为 2021 年河北省 11 个设区市各项污染物浓度达标情况。

表 4-13　2021 年河北省 11 个设区市各项污染物浓度达标情况

地区	$PM_{2.5}$（微克/立方米）	PM_{10}（微克/立方米）	二氧化硫（微克/立方米）	二氧化氮（微克/立方米）	一氧化碳（毫克/立方米）	臭氧日最大 8 小时平均浓度（微克/立方米）
石家庄	46	84	9	32	1.4	173
承德	30	55	11	30	1.6	131
张家口	23	48	9	18	1.0	144
秦皇岛	34	63	11	32	1.8	152
唐山	43	79	10	39	1.9	161
廊坊	37	73	7	36	1.3	171

续表

地区	$PM_{2.5}$（微克/立方米）	PM_{10}（微克/立方米）	二氧化硫（微克/立方米）	二氧化氮（微克/立方米）	一氧化碳（毫克/立方米）	臭氧日最大8小时平均浓度（微克/立方米）
保定	43	79	8	36	1.3	175
沧州	40	69	8	31	1.2	164
衡水	42	70	12	30	1.0	165
邢台	43	75	10	31	1.6	172
邯郸	46	78	12	28	1.6	174
全省平均值	38.8	70	10	31	1.4	162
一级浓度限值	15	40	20	40	4	100
差距值	23.8	30	-10	-9	-2.6	62

资料来源：笔者根据河北省生态环境厅网站数据整理。

全国339个地级及以上城市中，2021年城市平均空气质量优良天数比例为87.5%，$PM_{2.5}$平均浓度为30微克/立方米，PM_{10}平均浓度为54微克/立方米，臭氧日最大8小时平均浓度为137微克/立方米，二氧化硫平均浓度为9微克/立方米，二氧化氮平均浓度为23微克/立方米，一氧化碳平均浓度为1.1毫克/立方米。河北省优良天数比例为73.8%，其他各项污染物平均浓度仍有一定下降空间。

2021年，河北省主要空气污染物排放总量中，二氧化硫为17.1万吨、氮氧化物为82.2万吨、烟（粉）尘为35.0万吨。全国31个省份（不含港澳台地区）上述污染物平均排放量分别为8.9万吨、31.4万吨、17.3万吨，河北省上述污染物排放量仍有较大下降潜力。

2. 从全国视角看河北省地表水质量状况

2021年河北省生态环境质量状况公报显示，河北实际监测的地表水168个国省控断面，达到或优于Ⅲ类水质的断面比例为70.8%，Ⅳ类水质断面比例为26.8%，Ⅴ类水质断面比例1.8%，劣Ⅴ类水质断面比例0.6%。其中河流水质国省控断面达到或好于Ⅲ类水质的断面比例为69.1%，Ⅳ类水质断面比例为28.1%，Ⅴ类水质断面比例2.2%，劣Ⅴ类水质断面比例0.7%。河北省河流八大水系中轻度污染水系有4个，主要污染指标包括化学需氧量、生化需氧量、高锰酸盐指数和总磷。湖库淀水质方面，河北省18个湖库淀中，12个达到Ⅱ类水质标准，6个达到Ⅲ类水质标准。富营养化评价中，16个中营养，2个轻度富营养。在近岸海域海水方面，河北省32个国控近岸海域监测点位显示，河北省近岸海域Ⅰ类水质点位比例为75%。① 2021年全国3641个国家地表水考核断面中，水质优良以上（Ⅰ—Ⅲ类）断面比例为84.9%，其中主要江河河流水质优良（Ⅰ—Ⅲ类）断面比例为87%。210个重点监测湖（库）中，水质优良（Ⅰ—Ⅲ类）湖（库）个数占72.9%。209个监测营养状态的湖（库）中，中度富营养9个，占4.3%；轻度富营养48个，占23%。② 2021年对中国管辖海域1359个国控点位进行海水水质监测，Ⅰ类水质海域面积占管辖海域面积的97.7%。③ 由此可以看出，河北省地表水断面整体水质优良（Ⅰ—Ⅲ类）比例、河流水质优良（Ⅰ—Ⅲ类）比例和Ⅰ类水质海域面积比例仍有一定提升空间，湖库淀富营养化程度均需进一步降低。

从水资源污染物排放情况看，2021年河北省废水中主要污染物含量分别为化学需氧量153.5万吨、氨氮3.7万吨、总氮13.3万吨、总磷1.4万吨、石油类160.7吨、挥发酚5032.9千克。全国31个省份上述污染物排放平均值分别为81.6万吨、2.8万吨、10.2万吨、1.1万吨、71.5吨、1.7万吨，可以看出，河北省除挥发酚外，其他污染物排放量还有下降空间。

3. 从全国视角看河北省一般工业固体废物和危险废物产生状况

2021年河北省一般工业固体废物产生量为40899.0万吨，全国一

① 河北省生态环境厅：《2021年河北省生态环境状况公报》，2022年5月31日，河北省生态环境厅网站，https://hbepb.hebei.gov.cn/hbhjt/sjzx/hjzlzkgb/。

② 中华人民共和国生态环境部：《生态环境部通报2021年12月和1—12月全国地表水、环境空气质量状况》，2022年1月31日，中华人民共和国生态环境部网站，https://www.mee.gov.cn/ywdt/xwfb/202201/t20220131_968703.shtml。

③ 中华人民共和国生态环境部：《2021年中国海洋生态环境状况公报》，2022年5月26日，中华人民共和国生态环境部网站，https://www.mee.gov.cn/hjzl/tj/202205/t20220527_983541.shtml。

般工业固体废物产生量 397006.0 万吨，全国 31 个省份一般工业固体废物产生量平均 12806.6 万吨。[①] 河北一般工业固体废物产生量综合利用量为 22320.0 万吨，综合利用率为 54.6%。全国一般工业固体废物综合利用量 226659.0 万吨，综合利用率为 57.1%，河北省综合利用率还有一定提升余地。

随着河北省去产能、调结构、工业企业转型升级和生态环境治理的不断推进，河北省产业结构偏重的状况有所改善，整体环境质量有所好转，尤其是空气质量取得较大进步，但是环境污染特别是大气污染仍然是河北省经济高质量增长的障碍，同时还严重影响人民群众的身体健康和社会和谐。

（三）河北省环境污染的特点

由于环境污染具有明显的负外部性，各种污染物对河北省及周边区域环境也造成了一定负面影响，并在一定程度上阻碍了河北省经济的可持续发展。综合分析产业布局、能源消费结构、技术水平、地形地貌、气候变化等因素，河北环境污染具有以下特点。

1. 河北环境污染受产业布局和能源消费结构影响显著

从空气污染物来源看，影响河北省 11 个设区市空气质量的主要污染物为 $PM_{2.5}$、PM_{10} 和臭氧，$PM_{2.5}$ 的产生受人类活动因素影响较多，其主要来源：一是化石燃料、生物质的燃烧和垃圾焚烧、道路扬尘、建筑施工扬尘、工业粉尘等。二是大气中的二氧化硫、氮氧化物、氨气、挥发性有机物通过大气化学反应生成二次颗粒物，实现由气体到粒子的转换。臭氧产生的源头主要是人为排放的氮氧化物、挥发性有机物等污染物的光化学反应。挥发性有机物也是导致城市灰霾和光化学烟雾的重要物质，主要源于煤化工、石油化工、燃料涂料制造、溶剂制造与使用等过程。

从上述空气污染物形成机理结合河北省产业布局和能源消费结构来看，河北省城市周边地区聚集了大量重化工业，比如钢铁、石化、建材等高耗能、高排放产业，区域内能源利用以煤炭为主、运输方式

① 笔者根据《中国统计年鉴（2022）》数据整理。

以公路货运为主，造成大量污染物直接排放，其中的氮氧化物、挥发性有机物又形成大气氧化效应，造成二次污染。这表明河北省主要空气污染物的形成受产业布局和能源消费结构影响明显。

2. 河北环境污染受生产工艺落后和环保设施不足影响明显

河北省八大水系和18个湖库淀的主要污染物指标包括化学需氧量、高锰酸盐指数、总磷、生化需氧量。化学需氧量、高锰酸盐指数是作为直接表示水体中还原性物质和有机物相对含量的指标，生化需氧量是作为间接表示水体中有机物含量的指标，均为判断水体质量的重要参数。总磷是反映水体中总的磷化合物数量总和的指标，水体中总磷或总氮含量过高都是造成水体富营养化和水质变差的重要原因。从来源看，工业废水、农田灌溉和排水、生活污水等含有亚硝酸盐、硫化物、亚铁盐等无机物和各种有机物，其排放造成了地表水的污染，这也与河北省产业结构偏重、工农业生产方式落后和污水处理设施建设标准不高有关。

3. 河北环境污染受地形和气候特征影响突出

从空气污染物分布看，河北省$PM_{2.5}$、PM_{10}年平均浓度空间分布呈明显北低南高的特征。臭氧日最大8小时平均浓度全省普遍偏高。地形和气候特征对河北省空气污染物的扩散产生一定影响，河北省地势由西北向东南倾斜，西北部为丘陵、山区和高原，更易于污染物扩散，东南部为平原，在西部太行山和北部燕山屏障效应下，空气流通无法形成强对流，易造成污染物聚集。从气候看，河北省属于温带大陆性气候，四季分明，夏季降水多，冬季降水少，对颗粒物和其他污染物扩散也产生一定的季节性影响。

第二节　河北省经济增长中不同产业类型的贡献率

通过前文的分析可以看出，空气污染物、水资源污染物和一般工

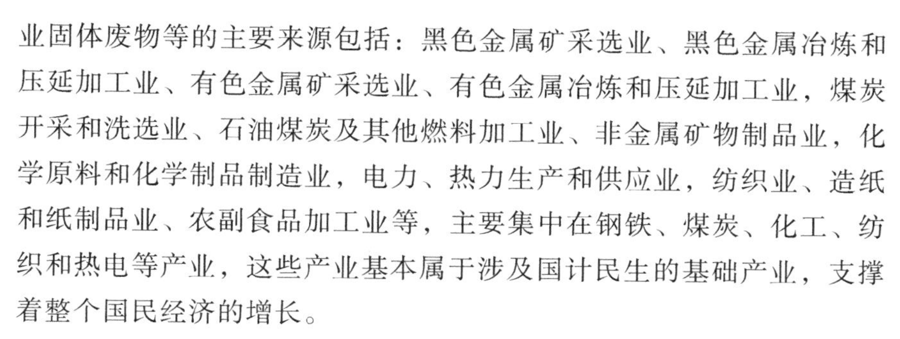

业固体废物等的主要来源包括：黑色金属矿采选业、黑色金属冶炼和压延加工业、有色金属矿采选业、有色金属冶炼和压延加工业，煤炭开采和洗选业、石油煤炭及其他燃料加工业、非金属矿物制品业，化学原料和化学制品制造业，电力、热力生产和供应业，纺织业、造纸和纸制品业、农副食品加工业等，主要集中在钢铁、煤炭、化工、纺织和热电等产业，这些产业基本属于涉及国计民生的基础产业，支撑着整个国民经济的增长。

一　河北省 GDP 中重工业的贡献率

上述产业在河北省经济中的比重较大，甚至在很长一段时期内是河北省的支柱产业和主导产业，对河北省地方生产总值的贡献度很高，在河北省经济增长过程中发挥着很重要的作用。

在下面的分析中，本书依据污染物排放共性把表 4-14 中的产业分为五大类：第一类，钢铁有色金属产业，主要包括黑色金属矿采选业、黑色金属冶炼和压延加工业、有色金属矿采选业、有色金属冶炼和压延加工业。第二类，石油煤炭产业，主要包括煤炭开采和洗选业、石油煤炭及其他燃料加工业、非金属矿物制品业。第三类，食品化工产业，主要包括农副食品加工业、化学原料和化学制品制造业。第四类，电力、热力产业，主要包括电力、热力生产和供应业。第五类，纺织造纸产业，主要包括纺织业、造纸和纸制品业。

表 4-14　主要污染物及其行业来源

类型	污染物	行业来源及其占比排序
空气污染	二氧化硫	①电力、热力生产和供应业 ②黑色金属冶炼和压延加工业 ③非金属矿物制品业
	氮氧化物	①电力、热力生产和供应业 ②非金属矿物制品业 ③黑色金属冶炼和压延加工业

续表

类型	污染物	行业来源及其占比排序
水资源污染	化学需氧量	①纺织业 ②造纸和纸制品业 ③化学原料和化学制品制造业
	氨氮	①化学原料和化学制品制造业 ②农副食品加工业 ③造纸和纸制品
工业固体废物、危险废物等	一般工业固体废物	①电力、热力生产和供应业 ②黑色金属矿采选业 ③黑色金属冶炼和压延加工业 ④有色金属矿采选业 ⑤煤炭开采和洗选业
	工业危险废弃物	①化学原料和化学制品制造业 ②有色金属冶炼和压延加工业 ③石油煤炭及其他燃料加工业 ④黑色金属冶炼和压延加工业 ⑤电力、热力生产和供应业

资料来源：笔者根据生态环境部资料整理。

本节主要分析五大类产业对河北省地方生产总值的贡献度。[①] 本节以河北省 2012—2021 年上述产业营业总收入占河北省规模以上主要产业营业总收入的比重来分析五大类产业对河北省经济总量的贡献度。

从图 4-8 可以看出，河北省黑色金属冶炼和压延加工业营业总收入从 2012 年的 11811.3 亿元下降至 2015 年的 8651.0 亿元，后又快速增长到 2021 年的 17854.2 亿元。这说明，黑色金属冶炼和压延加工业在河北省经济总量中一方面占有很大的比重，另一方面增长速度很快。而黑色金属矿采选业、有色金属矿采选业、有色金属冶炼和压延加工业营业总收入相对较少，并且在化解和淘汰过剩产能后，其营业总收入相对保持稳定，没有发生大幅度增长现象。

---

① 营业总收入贡献度法：贡献度=（产业营业总收入/地方主要产业营业总收入总和）×100%。通过统计不同产业的营业总收入，并将其与地方主要产业营业总收入总和进行比较，可以计算出每个产业对经济发展的贡献度。

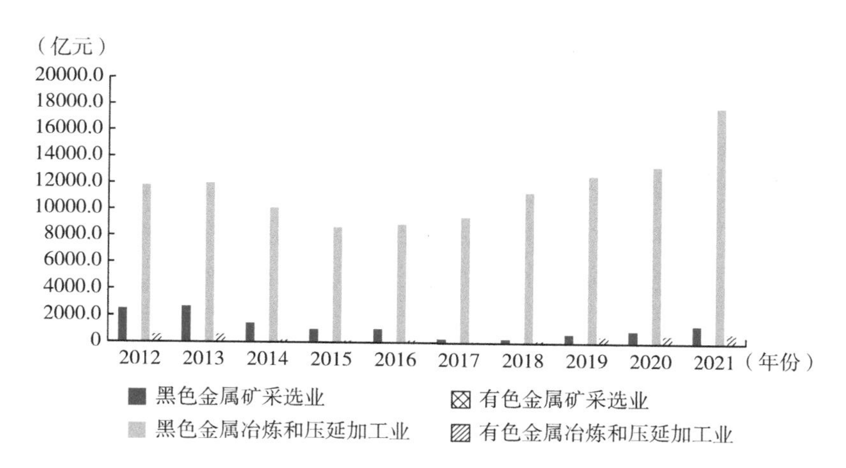

图 4-8　2012—2021 年河北省钢铁有色产业营业总收入统计

资料来源：河北省统计局。

由于钢铁有色产业营业总收入规模比较大，其对河北省经济增长的贡献度也比较高。如图 4-9 所示，2012 年，河北省钢铁有色产业的贡献度为 34.7%，随着环境整治力度的增强和“6643”工程实施，钢铁有色产业终止了快速增长的势头，基本保持了平稳发展，2021 年，钢铁有色产业的贡献度为 37.1%。

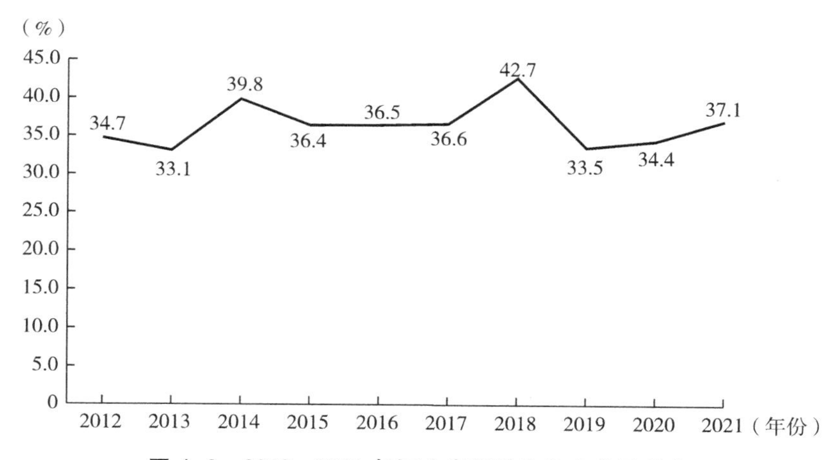

图 4-9　2012—2021 年河北省钢铁有色产业贡献度

资料来源：河北省统计局。

从图 4-10 可以看出，河北省石油和天然气开采业、非金属矿物制品业的年营业总收入基本保持在 500 亿元以上。2012 年，河北省非金属矿物制品业营业总收入为 1791. 2 亿元，2018 年达到最低点 558. 4 亿元，2021 年又迅速增长到 2173. 1 亿元。石油和天然气开采业、煤炭开采和洗选业 2012 年的营业总收入分别是 1490. 2 亿元和 300. 3 亿元，2021 年分别下降到 586. 7 亿元和 185. 8 亿元。

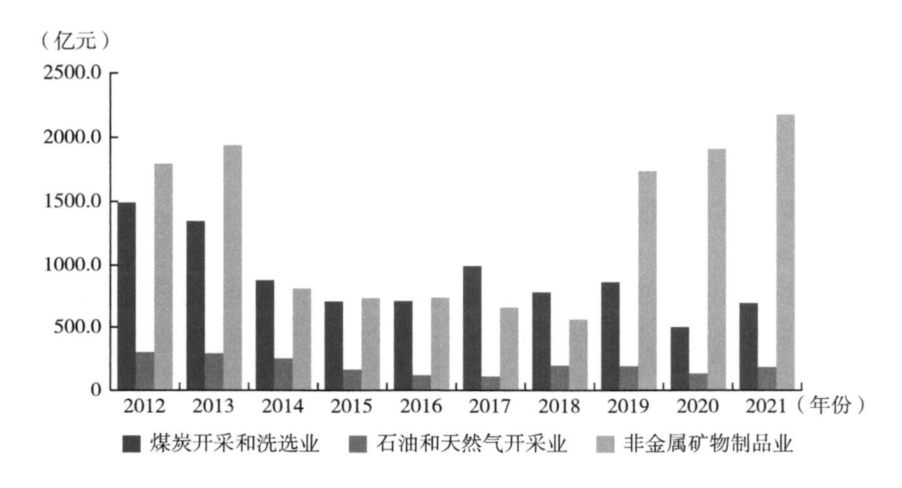

图 4-10　2012—2021 年河北省石油煤炭产业营业总收入统计

资料来源：河北省统计局。

石油煤炭产业在河北省是仅次于钢铁有色产业的重要经济支柱。如图 4-11 所示，2012 年，河北省石油煤炭产业的贡献度为 8. 3%，之后由于淘汰落后产能和化解过剩产能，河北省石油煤炭产业的贡献度持续下滑到 5. 6%，2016—2021 年其营业总收入贡献率保持在 5. 5%—6. 8%，基本保持平稳。

从全国看，化学原料和化学制品制造业是食品化学类产业污染排放最大的行业，对于河北省来说，医药制造业和化学纤维制造业也是河北省营业总收入比较大的化学行业。因此，分析河北省食品化学产业贡献度时，把医药制造业和化学纤维制造业一起加总，更能反映河北省的实际情况。如图 4-12 所示，2012 年，河北省化学原料和化学制

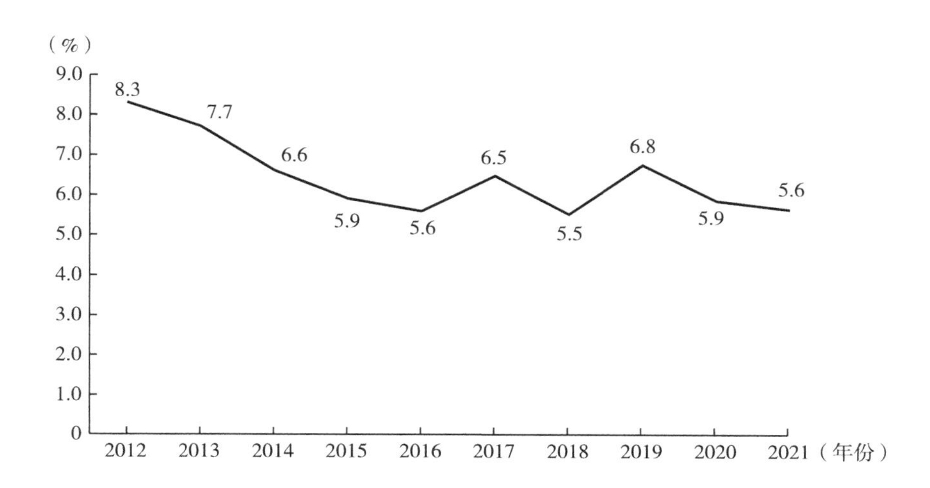

图 4-11　2012—2021 年河北省石油煤炭产业贡献度

资料来源：河北省统计局。

品制造业、医药制造业的营业总收入分别是 2065. 4 亿元和 629. 6 亿元；2014 年，医药制造业营业总收入下降为 487. 0 亿元；2018 年，化学原料和化学制品制造业营业总收入下降为 895. 1 亿元；2021 年，上述两个产业的营业总收入分别提高至 2486. 8 亿元和 1019. 0 亿元。

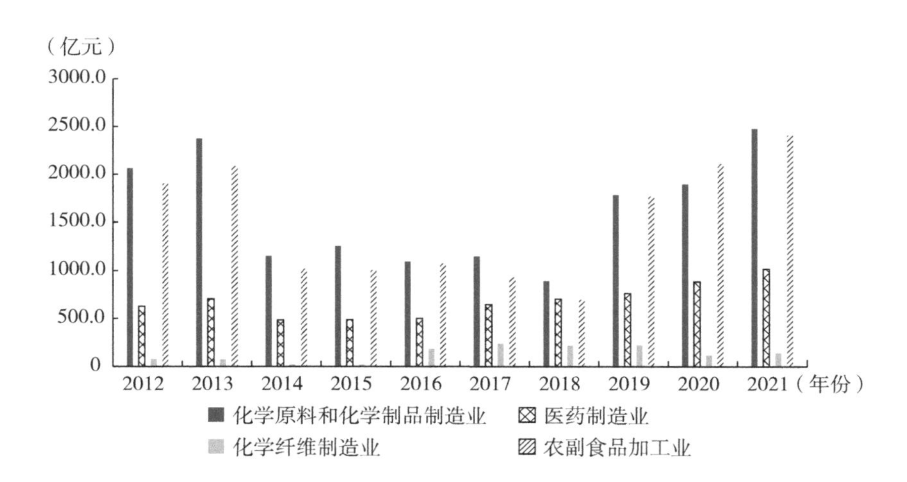

图 4-12　2012—2021 年河北省食品化学产业营业总收入统计

资料来源：河北省统计局。

河北省食品化学类产业营业总收入的贡献度基本保持稳定。2012年，上述四大行业总收入的贡献度是10.9%，在淘汰落后产能和化解过剩产能后，其贡献度在2014年和2018年下降至9.1%，其余年份有所波动，食品化学类产业的营业总收入贡献度基本保持在9.1%—11.6%（见图4-13）。

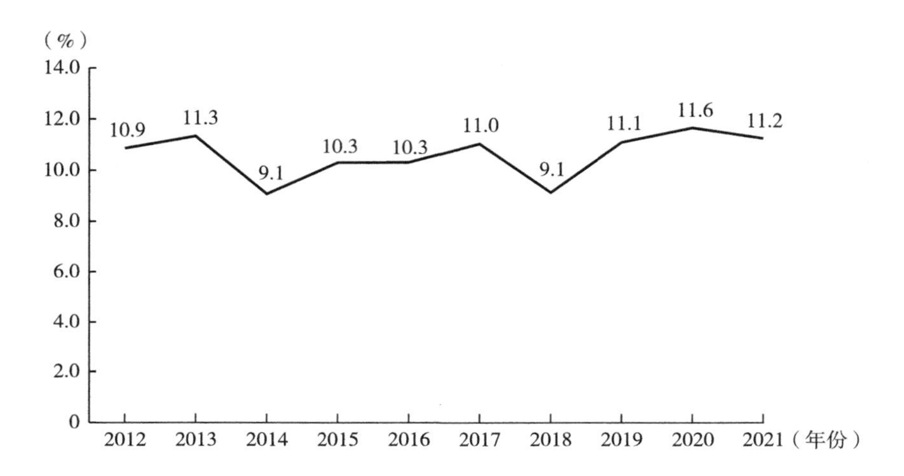

图4-13　2012—2021年河北省食品化学产业贡献度

资料来源：河北省统计局。

电力、热力生产和供应业主要依靠燃烧煤炭、石油和天然气来发电和供热，因此产生大量的污染物。燃气生产和供应业所需的原料与电力、热力生产和供应业相似，也以煤炭为主要原材料，在生产的过程中，排放大量的二氧化硫、二氧化碳、氮氧化物等污染物。近年来，由于在广大农村地区推广普及用天然气做饭和取暖，燃气生产和供应业发展十分迅速。如图4-14所示，2012年，河北省电力、热力生产和供应业营业总收入为2732.5亿元；2016年下降为1981.6亿元；由于经济快速发展，全社会对电力需求持续增加，2021年，又进一步增加到3291.5亿元。燃气生产和供应业2012年营业总收入为78.2亿元，自2018年以后，开始高速增长，2021年，其营业总收入高达1008.3亿元。

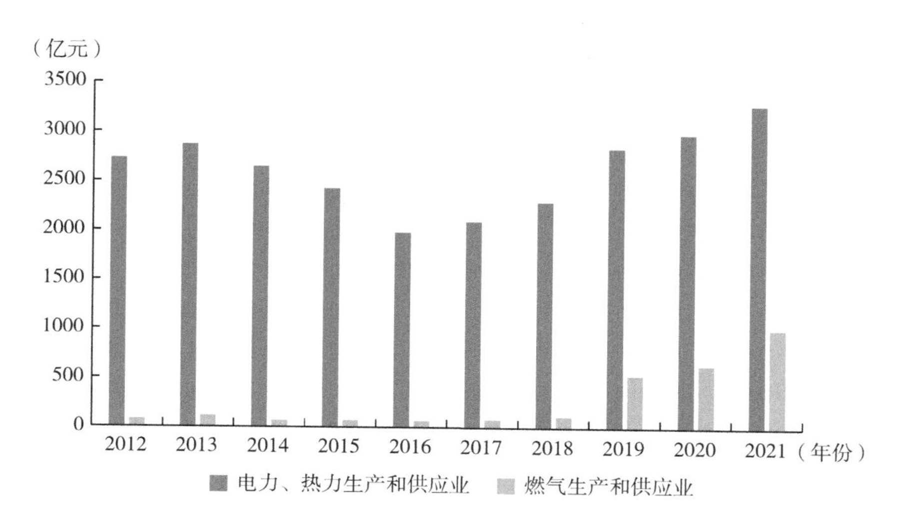

图 4-14　2012—2021 年河北省电力热力产业营业总收入统计

资料来源：河北省统计局。

河北省是一个经济大省，也是一个用电大省。同时，由于北京、天津与河北省紧密相连，河北省的部分电力要向外输送到京津。因此，河北省的电力热力产业营业总收入的贡献度一直相对较高，如图 4-15 所示，2012—2021 年，其贡献度一直保持在 6.4%—9.3%，相对稳定。

纺织厂和造纸厂一直是传统的污染排放大户，由于其生产工艺对技术要求不高，投资也不需要太大，无论是在城市还是在乡村，都广泛分布着大量的纺织厂和造纸厂。但是，随着污染越来越严重，对不达标的纺织厂和造纸厂进行严格管理，甚至取缔，成为各地环境治理的重要措施之一。如图 4-16 所示，2012 年，河北省纺织业营业总收入为 1439.3 亿元，在市场竞争和污染治理的双重压力下，纺织业的营业总收入持续下降，2021 年，其营业总收入为 549.6 亿元；2012 年，河北省造纸和纸制品业营业总收入为 522.5 亿元，之后迅速下降至 117.1 亿元，2021 年，营业总收入提高到 372.8 亿元。

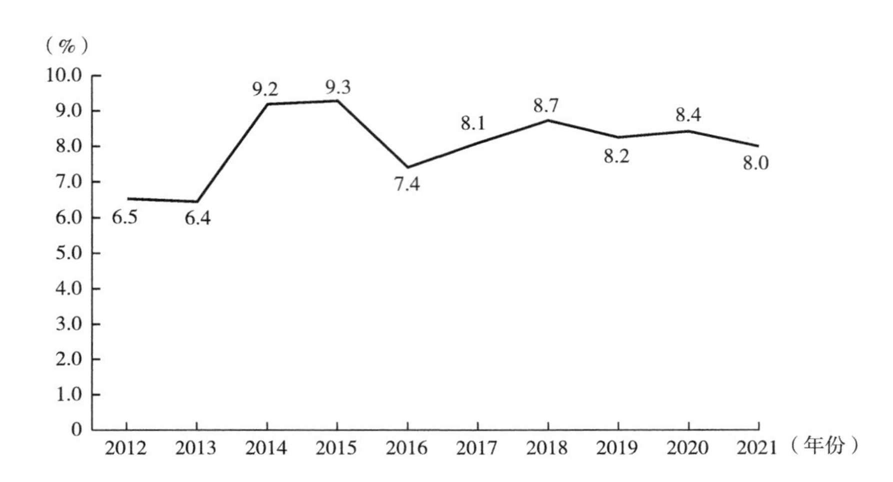

图 4-15　2012—2021 年河北省电力热力产业贡献度

资料来源：河北省统计局。

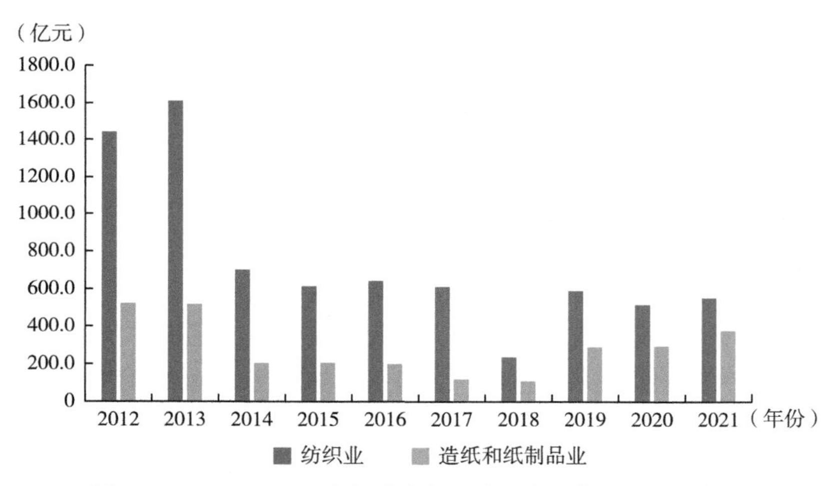

图 4-16　2012—2021 年河北省纺织造纸产业营业总收入统计

资料来源：河北省统计局。

纺织业曾经是河北省石家庄市、邯郸市的支柱产业之一，造纸和纸制品业在县域经济中扮演着很重要的角色。因此，改革开放以来相当长的一段时间内，纺织和造纸产业在河北省经济发展、农民增收致富中发挥着一定的积极作用。如图 4-17 所示，2012 年，纺织造纸产业营业总收入的贡献率为 4.6%，之后持续下降到 2021 年的 1.7%。

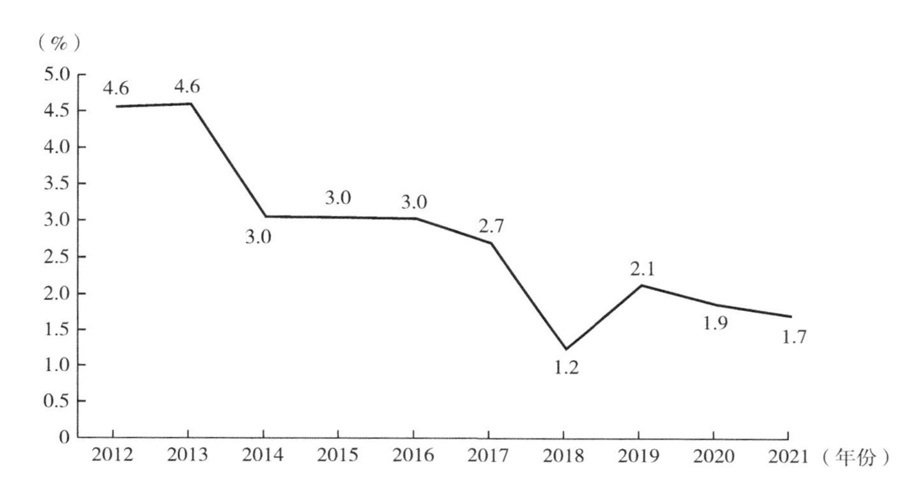

图 4-17　2012—2021 年河北省纺织造纸产业贡献度

资料来源：河北省统计局。

二　河北省 GDP 中高技术产业的贡献率

2017 年，国家统计局正式界定了高技术产业（制造业）的统计口径。高技术产业（制造业）是指国民经济行业中研发投入强度相对高的制造业行业。[①] 其中包括六大类：第一类是医药制造业。第二类是航空、航天器及其设备制造业。第三类是电子及通信设备制造业。第四类是计算机及办公设备制造业。第五类是医疗仪器设备及仪器仪表制造业。第六类是信息化学品制造业。

由表 4-15 可知，河北省的高技术产业包括五类：医药制造业、电子及通信设备制造业、计算机及办公设备制造业、医疗仪器设备及仪器仪表制造业和信息化学品制造业。

① 国家统计局：《高技术产业（制造业）分类（2017）》。

表 4-15　河北省高技术产业（制造业）统计分类

序号	二级分类	三级分类
1	医药制造业	化学药品制造
		中成药生产
		生物药品制品制造
2	电子及通信设备制造业	电子工业专用设备制造
		光纤光缆及锂离子电池制造
		锂离子电池制造
		通信设备、雷达及配套设备制造
		通信系统设备制造
		通信终端设备制造
		广播电视设备制造
		非专业视听设备制造
		电子器件制造
		电子真空器件制造
		半导体分立器件制造
		集成电路制造
		光电子器件制造
		电子元件及电子专用材料制造
		电阻电容电感元件制造
		电子电路制造
		电子专用材料制造
		能消费设备制造
		其他电子设备制造
3	计算机及办公设备制造业	计算机整机制造
		计算机零部件制造
		计算机外围设备制造
		办公设备制造

续表

序号	二级分类	三级分类
4	医疗仪器设备及仪器仪表制造业	医疗仪器设备及器械制造
		医疗诊断、监护及治疗设备制造
		医疗外科及兽医用器械制造
		通用仪器仪表制造
		专用仪器仪表制造
5	信息化学品制造业	信息化学品制造业

资料来源：河北省统计局。

如图 4-18 所示，2019 年以来，河北省高技术产业保持了较快的增长。医药制造业的新产品销售收入从 2019 年的 277. 5 亿元增长到 2021 年的 384. 7 亿元，年均增长率达到 11. 5%。电子及通信设备制造业的新产品销售收入从 2019 年的 250. 7 亿元增长到 2021 年的 363. 4 亿元，年均增长率达到 13. 2%。计算机及办公设备制造业的新产品销售收入从 2019 年的 2. 8 亿元增长到 2021 年的 4. 2 亿元，年均增长率达到 15. 1%。医疗仪器设备及仪器仪表制造业的新产品销售收入从 2019 年的 55. 8 亿元增长到 2021 年的 102. 5 亿元，年均增长率高达 22. 5%。信息化学品制造业的新产品销售收入从 2019 年的 24. 2 亿元下降到 2021 年的 15. 2 亿元，下降幅度达到 37. 5%；其原因在于，信息化学品制造是生产影视、拍照、医用、幻灯及投影用感光材料、冲洗套药、磁、光记录材料、光纤维通信用辅助材料及其专用化学制剂的行业，虽然属于高技术产业，但是在生产过程中污染排放量相对较大，并且，近年来由于数字存储技术发展十分迅猛，化学存储信息方式逐渐被淘汰。以河北省乐凯胶片为例，乐凯胶片曾经是中国胶片业的龙头企业，其生产的彩色胶卷曾经占国内市场份额的 30%以上，特种胶片曾经占国内市场份额的 50%以上。但是，由于传统业务逐步萎缩，公司开始努力开发太阳能光伏业务。2019 年，乐凯胶片的影像材料营业收入占比为57.6%，2022年下降为27.2%。[①]与乐凯胶片类似，河北省信息化学品制造业销售收入也呈现逐步降低的趋势。

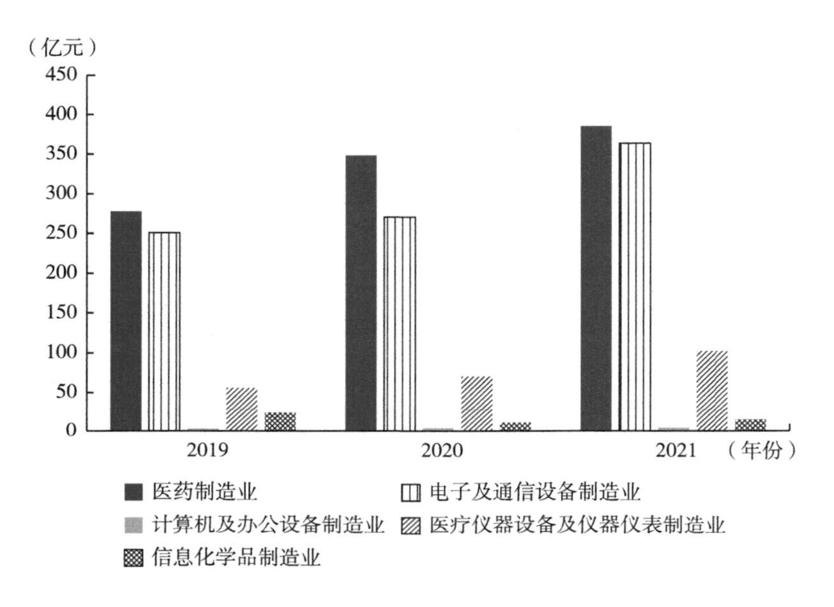

图4-18　2019—2021年河北省高技术产业产值统计

资料来源：河北省统计局。

纵向来看，河北省高技术产业相较于传统产业发展速度很快，除信息化学品制造业外，均保持了两位数以上的增长。横向来看，河北省高技术产业新产品销售收入占规模以上工业销售总收入的比重相对较低。如图4-19所示，2019年，河北省高技术产业新产品销售收入占工业销售总收入的比重为1.5%，2020年和2021年略有增长，占比分别为1.7%和1.6%。这表明，未来河北省发展高技术产业的潜力较大，高技术产业替代传统产业的潜力也较大，同时也意味着未来河北省改善环境的潜力比较大。

① 上海证券交易所上市公司乐凯胶片（600135）公开数据。

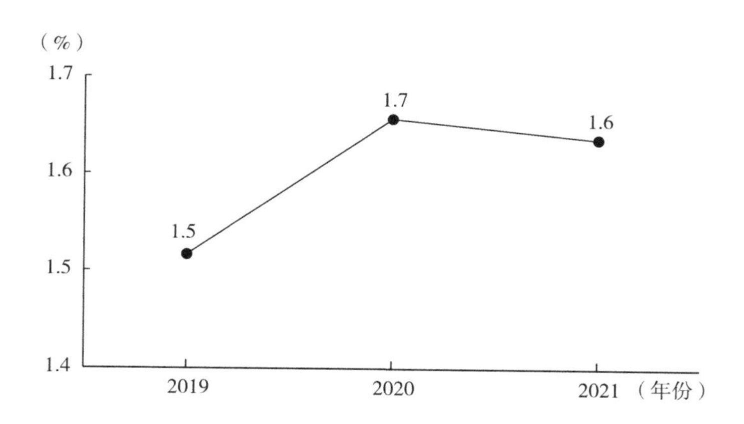

图 4-19　2019—2021 年河北省高技术产业占工业销售收入比重

资料来源：河北省统计局。

第三节　河北省以往环境治理对经济增长的影响

21 世纪以来，河北省重工业蓬勃发展，环境污染也日趋严重，因此，河北省制定了严格的环境治理政策，淘汰落后产能和化解过剩产能，虽然河北省经济发展速度有所下降，但产业结构日趋合理，为将来高质量增长奠定了基础。

一　国家日益加大的环保力度

随着中国经济快速增长，资源、能源短缺问题日益突出，生态环境问题日趋严重，中国逐步认识到环境治理的重要性。尤其是党的十八大以来，为了推动中国产业升级，以及与国际合作从而共同应对全球环境问题，中国开始进行生态文明建设，以更大的力度推进环境治理。

20 世纪 70 年代，中国参加了在瑞典斯德哥尔摩首次召开的人类环境会议，之后召开了第一次全国环境保护会议，审议通过了《关于保护和改善环境的若干规定》，提出了“全面规划，合理布局，综合利用，化害为利，依靠群众，大家动手，保护环境，造福人民”的32字环保工作方针。1975年5月，国务院环境保护领导小组印发《关于环境保护的十年规划意见》，要求地方政府和相关部门制订相应环保工作计划。

20世纪80年代，中国把环境保护确立为基本国策，国务院作出了《关于环境保护工作的决定》，环境保护开始纳入国民经济和社会发展规划，设立了国家环境保护总局，并成为国务院直属机构，地方政府也陆续成立环境保护机构。中国第三次全国环境保护会议提出了“预防为主、防治结合”“谁污染、谁治理”“强化环境管理”三大政策，积极推行环境保护目标责任制、城市环境综合整治定量考核制、排放污染物许可证制、污染集中控制、限期治理、环境影响评价制度、“三同时”制度①、排污收费制度八项环境管理制度，以《中华人民共和国环境保护法》为代表的环境法规体系初步建立，为制定环境治理政策奠定了法治基础。

从20世纪90年代到21世纪初，中国环境保护逐渐步入正轨，中国政府发布了《中国关于环境与发展问题的十大对策》，把实施可持续发展确立为国家战略，率先制定实施了《中国21世纪议程》。随后发布的《关于环境保护若干问题的决定》，大力推进“一控双达标”（控制主要污染物排放总量、工业污染源达标和重点城市的环境质量按功能区达标）工作，全面开展“三河”（淮河、海河、辽河）、“三湖”（太湖、滇池、巢湖）水污染防治、“两控区”（酸雨污染控制区和二氧化硫污染控制区）大气污染防治、一市（北京市）、“一海”（渤海）的污染防治（以下简称“33211”工程），启动了退耕还林、退耕还草、保护天然林等一系列生态保护重大工程。

党的十六大以来，党中央、国务院提出树立和落实科学发展观、构建社会主义和谐社会、建设资源节约型环境友好型社会、让江河湖

---

① “三同时”制度是指建设项目中防治污染的设施，应当与主体工程同时设计、同时施工、同时投产使用。这项制度最早规定于1973年的《关于保护和改善环境的若干规定》，在1979年的《环境保护法（试行）》中作了进一步规定。1986年颁布的《建设项目环境保护管理办法》对“三同时”制度作了具体规定。

泊休养生息、推进环境保护历史性转变、探索环境保护新路等新举措。连续作出一系列重大决策部署，把主要污染物减排作为经济社会发展的约束性指标，进一步完善环境法制和经济政策，强化重点流域、区域污染防治，提高环境执法监管能力，积极开展国际环境交流与合作。

党的十八大将生态文明建设纳入中国特色社会主义事业“五位一体”总体布局，提出绿色发展、循环发展、低碳发展理念，颁布了“史上最严”环保法——《中华人民共和国环境保护法》（2014年修订版），出台了《关于加快推进生态文明建设的意见》《生态文明体制改革总体方案》。2015年10月提出“创新、协调、绿色、开放、共享”五大新发展理念。2016年将环境保护约束性指标纳入“十三五”规划，制定了《“十三五”生态环境保护规划》。2018年将“生态文明”和“美丽中国”写入《中华人民共和国宪法》，生态文明建设上升为国家意志，确立了习近平生态文明思想。国务院开展了一系列环境污染治理行动，推进环境保护目标责任体系建设，运用法律、行政和以市场为基础的经济激励政策组合手段强力治污，环境质量得到明显提升。

通过梳理中国环保事业发展历程可以看出，中国环境治理政策是随着经济发展水平的提升而起步、调整、确立和完善的。从改革开放开始，中国经济增长逐步驶入快车道，改革开放40年来，GDP增长了33.5倍，年均增长9.5%。[①] 在经济领域取得巨大成就的同时，也给生态环境承载力带来了严峻挑战，传统高投入、高排放、高能耗的粗放型发展方式不可避免地对大气、土壤、水体造成污染以及生态系统造成严重破坏。因此，为了经济社会的可持续发展和人民群众的生命健康，中国对环境治理的要求越来越高，标准越来越严格。

① 《波澜壮阔四十载　民族复兴展新篇——改革开放40年经济社会发展成就系列报告之一》，2018年8月27日，国家统计局网站，https://www.stats.gov.cn/zt_18555/ztfx/ggkf40n/202302/t20230209_1902581.html。

二　河北省环境治理政策和措施

（一）河北环境治理政策的主要依据

由于河北省环境治理形势严峻、任务艰巨，并且地理区位较为特殊，紧密环绕北京、天津两大直辖市，加上环境污染具有明显的外溢性，在京津冀协同发展战略提出以后，国家除颁布指导全国的宏观环境治理政策外，还针对京津冀区域环境治理出台了一系列指导政策。例如，2017—2021 年，国家连续四年出台了《京津冀及周边地区秋冬季大气污染综合治理攻坚行动方案》，对“2+26”个（含河北省 8 个）重点城市大气污染进行集中综合治理，不断巩固环境治理取得的成果。国家主要环境治理政策的内容和目标如表 4-16 所示。

表 4-16　国家主要环境治理政策的内容和目标

序号	政策	主要内容	主要政策目标
1	《大气污染防治行动计划》（简称“国十条”）	2013 年，为切实改善大气环境，国务院印发《国务院关于大气污染防治行动计划的通知》。要求从加大环境综合治理力度、优化产业结构、加快企业技术改造、调整能源结构、严格节能环保准入、完善环境经济政策、健全法律法规体系、建立区域协作机制、建立监测预警应急体系、明确政府企业和社会责任十个方面开展工作	2017 年，京津冀、长三角、珠三角等区域细颗粒物浓度分别下降 25%、20%、15% 左右
2	《京津冀及周边地区重点行业大气污染限期治理方案》	2014 年，环境保护部印发《京津冀及周边地区重点行业大气污染限期治理方案》，对电力、钢铁、水泥、平板玻璃四个重污染行业开展专项整治，其中涉及大量河北省企业	提出二氧化硫、氮氧化物、烟粉尘等主要大气污染物排放总量均较 2013 年下降 30%以上
3	《京津冀协同发展生态环境保护规划》	2015 年底，国家发展改革委发布《京津冀协同发展生态环境保护规划》，规划指出，在京津冀地区产业结构显著优化、技术水平不断提高、能源结构不断优化、节能环保产业酝酿突破的基础上，从节能减排、循环产业、加强环保、完善经济政策、加强环保执法监管方面继续开展工作	2017 年，京津冀地区 $PM_{2.5}$ 年平均浓度要控制在 73 微克/立方米左右。2020 年，$PM_{2.5}$ 年平均浓度要控制在 64 微克/立方米左右，比 2013 年下降 40%左右

续表

序号	政策	主要内容	主要政策目标
4	《水污染防治行动计划》	2015 年，为切实加大水污染防治力度，保障国家水安全，国务院决定从全面控制污染物排放、推进经济结构转型升级、着力节约保护水资源、强化科技支撑、充分发挥市场机制作用、严格环境执法监管、切实加强水环境管理、全力保障水生态环境安全等十个方面全面深入开展水环境污染防治工作	2020 年，全国七大重点流域水质优良比例总体达到 70%以上，京津冀劣于Ⅴ类水体断面比例下降 15%左右。2030 年，七大重点流域水质优良比例总体达到 75%以上
5	《打赢蓝天保卫战三年行动计划》	2018 年，国务院印发《打赢蓝天保卫战三年行动计划》。具体措施包括：调整优化产业结构，推进产业绿色发展；加快调整能源结构，构建清洁低碳高效能源体系；积极调整运输结构，发展绿色交通体系；优化调整用地结构，推进面源污染治理；实施重大专项行动，大幅降低污染物排放；强化区域联防联控，有效应对重污染天气；健全法律法规体系，完善环境经济政策；加强基础能力建设，严格环境执法督察；明确落实各方责任，动员全社会广泛参与	2020 年，二氧化硫、氮氧化物排放总量分别比 2015 年下降 15%以上，$PM_{2.5}$ 未达标地级及以上城市浓度比 2015 年下降 18%以上，地级及以上城市空气质量优良天数比率达到 80%，重度及以上污染天数比率比 2015 年下降 25%以上

资料来源：国务院、国家发展改革委、住房和城乡建设部、生态环境部网站。

综合分析以上国家层面的主要环境治理政策，可以看出，中央政府主要根据京津冀地区环境污染的重点和阶段性特征，分步骤采取措施，进行规范化治理，政策措施具有很强的指导性、针对性和持续性，同时彰显了国家铁腕治污的坚定决心。

（二）河北省环境治理的主要措施

21 世纪以来，河北省生态环境问题特别是大气污染经历了快速形成、集中发生到持续改善的过程。河北省生态环境恶化是产业结构长期偏重、能源消费结构不合理、生态环境治理能力薄弱和环保意识欠缺等因素长期累积的结果。河北省作为环境污染比较严重的省份，严格贯彻落实中央的政策方针，并结合自身实际制定了具体的目标任务，通过综合运用包括行政措施、经济激励措施、技术措施在内的多种手段对环境污染进行全方位治理。

河北省制定了多项环境治理法律法规，以保证生态环境不再恶化，并且逐步改善。主要包括《河北省环境保护条例》（1994年11月2日施行，2005年修订）、《河北省水污染防治条例》（1997年10月25日施行）、《河北省地下水管理条例》（2015年3月1日施行，2018年修订）、《河北省大气污染防治条例》（2016年3月1日施行）、《河北省城乡生活垃圾分类管理条例》（2021年1月1日施行）、《河北省固体废物污染环境防治条例》（2022年12月1日施行）。此外，河北省还制定了《河北省2023年“节水监管专项行动”实施方案》等环保政策，上述法律、法规、政策等对河北省大气、水资源、固体废物等进行了比较全面的规范和防治。

与环境治理政策相呼应，河北省在经济领域制定了一些配套政策，用以保障和推动环境治理政策的顺利实施，如表4-17所示。在环境治理前期阶段，河北省针对产业结构偏重带来的严重污染，提出了优化产业结构，严格环保准入，推动高耗能、高污染企业技术升级改造，针对钢铁、煤炭、水泥、玻璃四个重污染行业开展专项整治等措施，努力从源头解决环境污染问题。然后，在环境治理取得初步成效的基础上，采取节能减排、发展循环经济、加强环境监测、完善经济政策等措施，推动经济发展的进一步提质增效。

表4-17 河北省主要环境治理政策的内容、目标和保障措施

序号	政策	主要内容	主要目标和保障措施
1	《河北省燃煤锅炉治理实施方案》	2005年，河北省人民政府出台《河北省燃煤锅炉治理实施方案》。方案提出通过新增集中供热、优化用能结构、推广高效节能环保锅炉、实施节能改造、推广优质、洁净煤等方面的工作削减传统煤炭消耗，促进节能减排	一是给各设区市和省直管县下达硬性任务目标，二是争取国家治污资金支持，三是加大金融机构授信力度，四是强化锅炉产业高技术发展，五是加强监管，六是加强宣传引导

续表

序号	政策	主要内容	主要目标和保障措施
2	《河北省钢铁水泥电力玻璃行业大气污染治理攻坚行动方案》	2013年，河北省人民政府出台了《河北省钢铁水泥电力玻璃行业大气污染治理攻坚行动方案》。方案主要内容包括：一是运用行政干预措施强力治污，对“四个行业”实行企业排污总量控制制度。二是运用市场手段提高治污效率。三是推广运用治污新技术，支持重大环保技术装备、产品的创新开发与产业化应用	在组织保障的基础上，实行污染治理阶梯财政奖励制度，加强价格政策调控，加大管理减排投入，严格土地使用政策，加大项目审批和金融信贷支持，严惩重罚违法行为，强化责任和督导调度，促使企业完成治污指标任务
3	《河北省水污染防治工作方案》	2016年，河北省委省政府印发《河北省水污染防治工作方案》，从优化发展格局，推进产业绿色转型升级；加强源头控制，严控水污染物排放总量；严格资源管理，实现水资源可持续利用；保护饮用水源，确保人民群众饮水安全十一个方面开展水污染防治工作	2020年，河北劣于V类水体断面比例较2014年下降21%以上，重要江河湖泊水功能区水质达标率达到75%。2030年，河北主要河流水质优良比例达到55%以上，劣于V类水体基本消除
4	《河北省打赢蓝天保卫战三年行动方案》	2018年，河北省人民政府制定了《河北省打赢蓝天保卫战三年行动方案》，主要内容包括：坚定不移化解过剩产能，有效推进清洁取暖、提高能源效率，重点突出优化道路货运结构、推广应用新能源汽车，加强重污染天气应急联动、完善应急减排措施	一是加强组织推动，二是健全法规标准技术体系，三是加强财政金融支持，四是健全完善监测监控体系，五是加大督查督办力度，六是严格实施考核、奖惩、问责，七是加大司法惩治力度，八是构建全民共治格局

资料来源：河北省政府、河北省生态环境厅网站。

此外，河北省传统能源产业比重过大也是环境污染严重的主要因素之一。传统能源产业的主要原料是煤炭、石油和天然气等，由于中国石油和天然气比较缺乏，煤炭成为河北火力发电的主要原料。2021年，河北省累计发电量3288.6亿千瓦时，其中，风力发电量为469.4亿千瓦时，占比为14.3%；火力发电量为2686.6亿千瓦时，占比为81.7%；水力发电量为8亿千瓦时，占比为0.2%；太阳能发电量为124.7亿千瓦时，占比为3.8%。[①] 由此可以看出，煤炭在河北能源结构

① 河北省统计局：《河北统计年鉴（2022）》，2023年5月11日，河北省统计局网站，http://tjj.hebei.gov.cn/hetj/tjnj/2022/zk/indexch.htm。

中占比依然很大。因此，大力发展清洁的新能源及其相关产业，成为河北省改善生态环境的重要策略。目前，河北省颁布了新能源汽车产业发展和推广应用措施、公共机构带头使用新能源汽车管理办法等政策、可再生能源替代计划等，从而加速优化河北省的能源结构，如表 4-18 所示。

表 4-18 河北省新能源政策类型及其主要内容

政策类型	政策名称和年份	主要内容
新能源汽车产业发展和推广应用政策	《加快推动农村地区充电基础设施建设，促进新能源汽车下乡和乡村振兴实施意见》（2012 年）等	旨在加快河北省新能源汽车产业的发展和推广应用。其中包括加大补贴力度、扩大补贴范围、明确补贴对象等措施
城市公交车成品油价格补助政策	《河北省城市公交车成品油价格补助专项资金管理办法》（2015 年）等	对城市公交车的成品油价格进行补助，鼓励城市公交车使用新能源公交车。补助政策与新能源公交车的推广数量挂钩，以鼓励更多使用新能源公交车
充电服务价格政策	张家口市《关于进一步完善我市电动汽车充电服务价格与油气价格联动机制的通知》（2017 年）	政策规定充电服务价格按充电电度收取，最高限价：城市电动公交车充电服务价格为 0.60 元/千瓦时，其他电动车直流快充充电服务价格为 1.27 元/千瓦时，交流慢充充电服务价格为 0.95 元/千瓦时
推动公共机构带头使用新能源汽车政策	《河北省党政机关公务用车管理办法》（2016 年）、《河北省促进绿色消费实施方案》（2016 年）等	要求党政机关等公共机构带头使用新能源汽车，以促进新能源汽车的推广应用
实施可再生能源替代行动	《河北省可再生能源发展“十三五”规划》（2016 年）、《河北省“十四五”能源发展规划》（2021 年）等	规划提出加快建设新型能源强省的行动方案，包括大力发展可再生能源、加快能源结构调整、推进能源科技创新、提高能源利用效率等。同时，规划还提出了加快抽水蓄能、风电光伏、海上风电、清洁火电、坚强电网、核电、天然气输储基地七个专项行动方案

资料来源：河北省人民政府网站“政府信息公开”栏目。

（三）河北省环境治理成效

河北省环境治理经济配套政策的制定和实施大幅度减少了环境污染源头，降低了污染排放总量，保障了公众健康，维护了生态安全，促进了经济社会的可持续发展，生态文明建设取得显著效果。尤其是

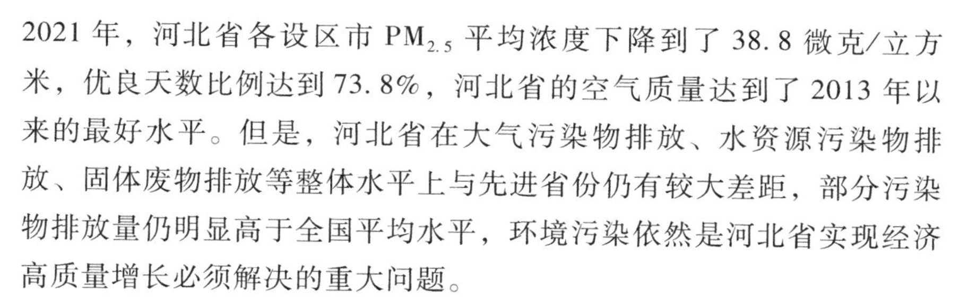

2021 年，河北省各设区市 $PM_{2.5}$ 平均浓度下降到了 38.8 微克/立方米，优良天数比例达到 73.8%，河北省的空气质量达到了 2013 年以来的最好水平。但是，河北省在大气污染物排放、水资源污染物排放、固体废物排放等整体水平上与先进省份仍有较大差距，部分污染物排放量仍明显高于全国平均水平，环境污染依然是河北省实现经济高质量增长必须解决的重大问题。

三　河北省环境治理对经济增长的影响

河北省的环境治理政策大致分为两个阶段。

第一个阶段是以“6643”工程为代表的淘汰落后和化解过剩产能阶段。由于在河北省的产业结构中，以钢铁、煤炭、水泥、玻璃为代表的重工业在第二产业中占比过大，其中有些钢铁企业的高炉容量较小、效率过低，属于典型的落后产能。煤炭开采、洗煤选煤、焦化等行业污染排放量很大，其中有些企业的生产工艺落后，难以转型升级，也属于被淘汰的产能。玻璃和水泥行业属于矿产品二次加工行业，在石英岩、石灰岩等开采、粉碎和融化等工艺中，产生了大量的废料、废渣和废气，尤其是中小企业污染排放量相当大。同时，由于钢铁、煤炭、水泥、玻璃等行业产能过大，需要化解部分过剩产能，优化过“重”的产业结构。为了尽快改善河北省的生态环境，尤其是空气质量，2013 年 9 月，环境保护部代表国务院与河北省签署责任书，决定实施淘汰落后产能的“6643”工程。“6643”工程的目标是以 2012 年为基数，到 2017 年底，压减钢铁产能 6000 万吨，净削减煤炭消费量 4000 万吨，淘汰水泥落后产能 6100 万吨以上，淘汰平板玻璃落后产能 3600 万重量箱。

为落实中央和河北省签订的责任书，河北省委、省政府同时印发了《河北省大气污染防治行动计划实施方案》。方案总体目标是，经过 5 年努力，河北环境空气质量总体改善，重污染天气大幅度减少；力争用 5 年或更长时间，基本消除重污染天气，河北环境空气质量全面改善。方案中采取 50 条措施，加强大气污染综合治理，改善河北环境空气质量。为了能够更好地执行方案，河北省政府与各市签订大气污染防治目标责任书。

在实施“6643”工程期间，由于时间紧、任务重，河北省主要采用行政手段，按照行动计划方案，坚决果断地淘汰了大量的过剩产能和落后产能。截至2017年11月，河北省累计压减炼钢产能7192万吨、炼铁产能6508万吨，淘汰水泥产能7058万吨、平板玻璃产能7174万重量箱，压减煤炭消费总量4537万吨，圆满完成了中央与河北省签订的责任书。在完成四大产能压减任务的同时，河北省将火电和焦炭列入压减范围，2013—2017年累计淘汰火电机组66台、装机容量203万千瓦，压减焦炭产能2442万吨。此外，河北省对铁合金、电石、电解铝、造纸等行业实施了化解和淘汰。因在短时间内压减了大量的产能，新的产能没有及时补充，导致在此期间河北省的经济发展速度受到了一定影响。虽然每年河北省经济依然保持增长，但是增长幅度大幅下降，尤其是与其他省份相比，河北省的发展速度相对放缓。2004—2011年，河北省地方生产总值的增长率基本保持两位数（其中2009年由于国际金融危机影响，下降为7.8%）。然而，在“6643”工程实施期间，河北省地方生产总值的增长率在3.9%—7.9%，与之前的增长率相差较大（见表4-19）。

表4-19 2004—2021年河北省GDP及其名义增长率统计

年份	GDP（亿元）	名义增长率（%）	年份	GDP（亿元）	名义增长率（%）
2004	7588.6	19.8	2013	24259.6	5.1
2005	8773.4	15.6	2014	25208.9	3.9
2006	10043.0	14.5	2015	26398.4	4.7
2007	12152.9	21.0	2016	28474.1	7.9
2008	14200.1	16.8	2017	30640.8	7.6
2009	15306.9	7.8	2018	32494.6	6.1
2010	18003.6	17.6	2019	34978.6	7.6
2011	21384.7	18.8	2020	36013.8	3.0
2012	23077.5	7.9	2021	40397.1	12.2

资料来源：国家统计局。

从总体看，在河北省对污染治理进行严抓严管的第一阶段，对经济的影响是比较明显的，经济增长速度明显下降，河北省地方生产总值在全国的地位相对也下降了很多。在这个阶段，环境治理政策与经济增长呈现比较明显的负相关关系。

第二个阶段是以“三件大事”为代表的培育新的经济增长点阶段。2014 年 2 月 26 日，习近平总书记在北京专题听取京津冀协同发展工作汇报，强调实现京津冀协同发展是一个重大国家战略。2015 年 12 月 15 日，北京 2022 年冬奥会和冬残奥会组织委员会成立，标志着北京 2022 年冬奥会的筹备工作正式展开。2017 年 4 月 1 日，国家决定设立河北省雄安新区。2017 年 12 月，河北省委九届六次全会明确提出，要抓好“三件大事”，扎实推进京津冀协同发展向深度广度拓展，高起点规划、高标准建设雄安新区，筹办好北京冬奥会。[①] 与河北省抓好“三件大事”相配套的政策还包括打好“六场硬仗”、实施“八项战略”、深化“九项改革”。[②] 其中，“六场硬仗”的目标是为河北省经济高质量增长创造良好的发展环境，“八项战略”的重点在于培育新的经济增长点，“九项改革”的重点在于保障新的经济增长点顺利发展壮大。

经过两年时间的努力，2019 年，河北省地方生产总值增长到 34978.6 亿元，比上年增长 7.6%，其中，战略性新兴产业增加值比上年增长 10.3%，快于规模以上工业企业 4.7%。2020 年河北省地方生产总值为 36013.8 亿元，同比增长 3.0%，其中，战略性新兴产业增加值增长 7.8%，快于规模以上工业企业 3.1%；高新技术产业增加值增长 6.6%，快于规模以上工业企业 1.9%，占规模以上工业增加值的比重为 19.4%。2021 年河北省名义生产总值 40397.1 亿元，同比

---

① 中国共产党河北省第九届委员会：《中国共产党河北省第九届委员会第六次全体会议决议》，2017 年 12 月 26 日，河北新闻网，https：//hbrb.hebnews.cn/pc/paper/c/201712/26/c41981.html。

② “六场硬仗”，即防范化解重大风险的硬仗、精准脱贫的硬仗、污染防治的硬仗、转型升级的硬仗、补齐民生短板的硬仗、优化营商环境的硬仗；“八项战略”，即创新驱动发展战略、科教兴冀战略、人才强冀战略、乡村振兴战略、区域协调发展战略、可持续发展战略、军民融合发展战略、开放带动战略；“九项改革”，即供给侧结构性改革、国有企业改革、“放管服”改革、投融资体制改革、科技体制改革、金融财税体制改革、教育文化体育体制改革、“三医联动”改革、国家监察体制改革。

增长 12.2%。2021 年河北省规模以上工业战略性新兴产业企业数达 2879 家，占规模以上工业企业数量的 17.9%。2018—2021 年，规模以上战略性新兴产业年均增长 10%，高于规模以上工业企业 4.9%。

由于河北省不遗余力发展战略性新兴产业，河北省地方生产总值保持了较快增长。虽然比以“6643”工程为代表的环境治理之前的增速低，但是放在全国横向来比，河北省经济的发展速度一直保持中等靠前。2018 年和 2019 年河北省地方生产总值在全国 31 个省份中处于中等靠前位置，2022 年，由于河北省战略性新兴产业的快速发展，河北省地方生产总值的全国排名又上升 1 位。

综上所述，由于环境治理政策的实施会对某些传统产业带来一定的挑战和调整压力，河北省在进行环境治理的同时，采取积极措施推动受影响的行业进行转型升级，并提供相应的产业政策支持，以平衡环境治理和经济增长的关系。

第四节　环境治理约束与经济增长污染排放需求间的矛盾分析

从前文分析可以得出结论，钢铁、煤炭、石油化工等产业在河北省第二产业中的比重较高，随着河北省经济的不断增长，上述产业的污染物排放很难做到大幅度下降。从另一个角度看，为了改善环境，国家和河北省对污染排放都制定了一些约束性和预期性目标。这些限制性目标与河北省经济增长产生的污染排放需求形成了矛盾，两者之间的缺口越大，经济增长与污染治理的矛盾就越大。

一　河北省生态环境保护指标分析

2022 年 1 月 12 日，河北省人民政府制定了《河北省生态环境保护“十四五”规划》，规划对环境治理、应对气候变化、环境风险防控、生态保护四大类共计 18 个指标进行了控制，明确提出到 2025 年上述指标要实现的目标，并且依据目标实现的难易程度和复杂程度，把上述指标分为约束性目标和预期性目标，具体如表 4-20 所示。

表 4-20　河北省“十四五”时期生态环境保护主要指标

类别	序号	指标	2020 年	2025 年	指标属性
环境治理	1	地级城市细颗粒物（$PM_{2.5}$）浓度（微克/立方米）	44.8	37	约束性
	2	地级城市空气质量优良天数比率（%）	69.9	75	约束性
	3	地表水达到或好于Ⅲ类水体比例（%）	66.2	70 以上	约束性
	4	地表水劣Ⅴ类水体比例（%）		全部消除	约束性
	5	县级及以上城市建成区黑臭水体比例（%）		全部消除	预期性
	6	地下水质量Ⅴ类水比例（%）		27.1	预期性
	7	近岸海域优良（一、二类）水质比例（%）	95.6	98	预期性
	8	农村生活污水治理率（%）	28	45	预期性
	9	化学需氧量重点工程减排量（万吨）		16.64	约束性
		氨氮重点工程减排量（万吨）		0.57	
		氮氧化物重点工程减排量（万吨）		14.05	
		挥发性有机物重点工程减排量（万吨）		5.64	
应对气候变化	10	单位地区生产总值二氧化碳排放量降低（%）		达到国家要求	约束性
	11	单位地区生产总值能源消耗降低（%）		达到国家要求	约束性
	12	非化石能源占能源消费总量比例（%）		13 以上	预期性
环境风险防控	13	受污染耕地治理和管控措施覆盖率（%）		100	约束性
	14	建设用地土壤污染修复和风险管控措施覆盖率（%）		100	约束性
生态保护	15	生态保护红线面积（万平方千米）		3.68*	约束性
	16	生态质量指数（EQI）		稳中向好	预期性
	17	森林覆盖率（%）	35	36.5	约束性
	18	自然岸线保有率（%）		达到国家要求	约束性

注：“*”表示以国家正式确认为准。

具体来看，地级城市 $PM_{2.5}$ 浓度由 2020 年的 44.8 微克/立方米下降至 2025 年的 37 微克/立方米，下降幅度为 17.4%。地级城市空气质量优良天数比率由 69.9%上升至 75%，增加了 5.1%。地表水达到或好于Ⅲ类水体比例由66.2%上升到70%以上，增加幅度大于等于0.8%。2025年，化学需氧量重点工程减排量为16.64万吨，氨氮重点工程减排量为0.57万吨，氮氧化物重点工程减排量为14.05万吨，挥发性有机物重点工程减排量为5.64万吨。单位地区生产总值二氧化碳排放量降低程度和单位地区生产总值能源消耗降低程度要达到2025年的国家要求，非化石能源占能源消费总量的比例要达到13%以上。此外，对环境风险防控和生态保护6项指标的目标也进行了详细的规定。河北省对$PM_{2.5}$浓度、氨氮排放量等指标属性定义为约束性，这意味着到2025年上述指标目标必须完成，属于强制性目标。而对于农村生活污水治理率、非化石能源占能源消费总量比例等指标定义为预期性，这意味着河北省委、省政府应尽量提供一个良好的目标实现环境，以期在2025年达到上述指标，属于指导性目标。

由于河北省在前期颁布了大量的环境治理政策法规，并且执行了比较严格的污染排放限制措施，尤其是在“十二五”规划和“十三五”规划期间，河北省的污染排放量已经大幅下降。鉴于此，虽然河北省“十四五”规划生态环境保护主要指标的目标值下降幅度并不太大，但是，这些目标的实现不低于甚至有可能超过“十二五”规划和“十三五”规划的难度。

二　河北省经济增长目标分析

河北省是中国北部的经济大省，发展速度非常迅猛。改革开放以来，河北省地方生产总值绝大多数年份居全国前十。《河北省国民经济和社会发展第十一个五年规划纲要》提出，2005—2010年，河北省地方生产总值年均增长11%左右，“十一五”规划结束时，河北省地方生产总值实际年均增长11.7%，比计划目标高了0.7%。《河北省国民经济和社会发展第十二个五年规划纲要》提出，2011—2015年，河北省地方生产总值年均增长8.5%左右，“十二五”规划结束时，河北省地方生产总值实际年均增长8.5%，圆满完成了既定目标。《河北省国民经济和社会发展第十三个五年规划纲要》提出，2016—2020年，河北省地方生产总值年均增长7%左右。由于受2019年末突如其来的新冠疫情影响，河北省很多企业在相当长的一段时期内处于停工停产或半停工停产状态，但“十三五”规划结束时，河北省地方生产总值的年均增长速度依然达到了7.1%。《河北省国民经济与社会发展第十四个五年规划和二〇三五年远景目标纲要》（以下简称河北省“十四五”规划）提出，2021—2025年，河北省地方生产总值年均增长6%左右。由于新冠疫情持续到了2022年的12月，在长时间疫情的影响下，河北省经济的增长速度受到了比较明显的影响。2021年，河北省地方生产总值增长率为6.1%，但是，在疫情相对比较严重的2022年，河北省地方生产总值增长率大幅下降至3.8%。表4-21为近年河北省GDP规划增长率和实际增长率对比。

表4-21　近年河北省GDP规划增长率和实际增长率对比

<table>
<tr><th colspan="2">期间</th><th>GDP规划年均增长率</th><th>GDP实际年均增长率</th></tr>
<tr><td colspan="2">“十一五”规划</td><td>11%左右</td><td>11.7%</td></tr>
<tr><td colspan="2">“十二五”规划</td><td>8.5%左右</td><td>8.5%</td></tr>
<tr><td colspan="2">“十三五”规划</td><td>7%左右</td><td>7.1%</td></tr>
<tr><td rowspan="3">“十四五”规划</td><td>规划期间</td><td>6%左右</td><td>—</td></tr>
<tr><td>2021年</td><td>—</td><td>6.1%*</td></tr>
<tr><td>2022年</td><td>—</td><td>3.8%*</td></tr>
</table>

注：“—”表明无数据，带“*”的数值是2021年和2022年当年河北省GDP增长率。

河北省“十四五”规划提出的经济增长目标是河北省地方生产总值年均增长6%左右，按照这个速度，到2025年底，河北省地方生产总值应该达到5.2万亿元左右。[①] 2022年，河北省的地方生产总值为4.24万亿元，以此为基数推算，以后三年河北省地方生产总值年均增长率需达到7.4%才可以实现既定目标。但是，新冠疫情结束以后，全球经济低迷，受中美贸易争端影响，中国外贸面临着前所未有的压

① 按照河北省“十四五”规划提供的2020年河北省地方生产总值（3.9万亿元）计算，2025年，河北省地方生产总值应该达到5.2万亿元。但是如果按照河北省统计局的数据，2020年河北省地方生产总值为3.6万亿元，2025年河北省地方生产总值应该达到4.8万亿元。本书以河北省“十四五”规划数据为准计算，更加符合河北省委、省政府的发展意图。

力。河北省外贸也面临着同样的压力。因此，未来河北省必须以更快的增长速度发展经济，同时协调好发展传统产业与战略性新兴产业的关系，才能实现既定的发展目标，并保持经济的高质量增长。

三 污染排放供给量与经济增长需求量之间的缺口测算

在河北省“十四五”规划中，已经明确提出了2025年主要污染排放物的总量控制目标，其实质相当于主要污染排放物的河北省供给量。然而，我们需要进一步探讨这个目标能否实现以及实际情况中是否存在目标值和实际值之间的差距。同时，我们需要确定这个差距是正向的还是反向的。本节将对这些问题展开详细分析。

一方面，以2012—2021年主要污染物的排放数据为依据，通过Matlab软件的曲线拟合模块，推导出数据模型，对2025年河北省的主要污染物排放数据进行预测；另一方面，由于工业是污染物排放的主要来源，本书依据主要污染物来源行业的营业总收入增长状况，预测2025年河北省的污染物排放量。

本书主要研究工业污染物的排放，因此选取了化学需氧量、氨氮、氮氧化物、$PM_{2.5}$浓度、地级城市空气质量优良天数比例三种污染物和两项环境指标作为主要分析对象，分析河北省“十四五”规划提出的2025年主要污染物排放控制目标量、以主要污染物历史排放数据为依据的2025年主要污染物排放预测量以及这两者的差额，还包括2025年河北省经济发展对污染物排放的需求量和主要污染物排放控制量的差额。

（一）化学需氧量的预测

以2012—2021年河北省化学需氧量统计数据为依据，将上述数据输入Matlab软件，用Fourier模块进行拟合，建立以下预测模型。

$$f(x)=122.3+1.509\cos(0.7459x)+7.538\sin(0.7459x)+9.393\cos(2\times0.7459x)+2.57\sin(2\times0.7459x)$$

R-square：0.8603

以此模型为基础，预测2023年河北省化学需氧量排放量为116.8万吨，2024年为112.1万吨，2025年为121.6万吨。

（二）氨氮排放量的预测

以2012—2021年河北省氨氮排放量统计数据为依据，然后将上述数据输入Matlab软件，用Linear Fitting模块进行拟合，建立以下预测模型。

$f(x)=0.3474\sin(x-\pi)+0.09984(x-10)^2+4.508$

R-square：0.8723

以此模型为基础，预测2023年河北省氨氮排放量为5.1万吨，2024年为5.3万吨，2025年为5.8万吨。

（三）氮氧化物的预测

以2012—2021年河北省氮氧化物排放量统计数据为依据，然后将上述数据输入Matlab软件，用General model Exp模块进行拟合，建立以下预测模型。

$f(x)=196.5\exp^{-0.09393x}$

R-square：0.975

以此模型为基础，预测2023年河北省氮氧化物排放量为64.0万吨，2024年为58.3万吨，2025年为53.1万吨。

（四）$PM_{2.5}$浓度的预测

以2012—2021年河北省氨氮排放量统计数据为依据，并对其中的异常数据进行整理。然后将上述数据输入Matlab软件，用General mode Exp模块进行拟合，建立以下预测模型。

$f(x)=49.82\exp^{-0.7339x}+121.3\exp^{-0.1115x}$

R-square：0.9941

以此模型为基础，预测2023年河北省氨氮排放量为31.8微克/立方米，2024年为28.5微克/立方米，2025年为25.5微克/立方米。

（五）地级城市空气质量优良天数比率的预测

以2012—2021年河北省地级城市空气质量优良天数比率统计数据为依据，并对其中的异常数据进行整理。[①] 然后将上述数据输入

① 中国《环境空气PM_{10}和$PM_{2.5}$的测定重量法》于2011年开始实施，2012年的城市空气质量优良天数尚未采用新的标准，因此作为异常数剔除。

Matlab 软件，用 General mode Sin 模块进行拟合，建立以下预测模型。

$f(x)=0.7726\sin(0.08277x+0.3384)$

R-square：0.9436

以此模型为基础，预测 2023 年河北省地级城市空气质量优良天数比率为 75.1%，2024 年为 76.3%，2025 年为 77.1%。

（六）经济发展污染物排放需求量预测

以 2012—2021 年河北省规模以上工业企业增加值统计数据为依据，然后将上述数据输入 Matlab 软件，用 Linear mode Poly 模块进行拟合，建立以下预测模型。

$f(x)=578.34x+2563.2$

R-square：0.9542

以此模型为基础，预测 2023 年河北省规模以上工业企业增加值为 14708.3 亿元，2024 年为 15286.7 亿元，2025 年为 15865.0 亿元。

假定产业结构和上述工业企业的生产工艺水平在“十四五”时期没有发生变化，那么污染物的排放量将会同比例升降。此外，污染物排放源头除工业来源外，还有生活来源和移动源等。依据前文生态环境部数据，中国化学需氧量排放的工业来源占比为 1.7%，农业来源和生活来源占比为 98.3%；氨氮排放的工业来源占比为 2.0%，农业来源和生活来源占比为 97.9%；氮氧化物排放的工业来源占比为 37.3%，生活来源和移动源（主要是燃油汽车）占比为 62.5%。$PM_{2.5}$ 排放的工业来源占比为 60.5%，生活来源和移动源（主要是燃油汽车）占比 39.5%。在社会经济生活中，经济在不断增长，其污染排放也在不断增长，而农业生产方式多年来变化不大，人们的生活方式也没有发生重大改变，因此两者污染排放在未来相当长一段时间内会保持稳定。近年来，由于新能源汽车渗透率快速提高，燃油汽车的保有量相对稳定。以工业增长预测数据为基础，以污染物不同来源作为权重，可以推算出 2025 年经济发展对污染物排放需求量。

化学需氧量和氨氮是水资源的主要污染物。由表 4-22 可以看出，化学需氧量 2025 年的规划排放量是 110.8 万吨，依据历史排放数据预测为 121.6 万吨，依据工业发展预测排放需求量 128.2 万吨，工业发展排放需求量与目标排放量之间的差额为-17.4万吨。因此，未来生产工艺中需要排放大量污水的行业必须受到严格限制，例如纺织业、造纸和纸制品业、农副食品加工业、化学原料和化学制品制造业等行业，必须推动上述行业进行技术创新，采用绿色生产工艺，减少污染排放。化学需氧量主要源于农业和生活，因此必须努力提高农业技术和减少生活排放，才能实现2025年的既定目标。氨氮2025年的目标排放量是2.6万吨，依据历史排放数据预测为5.8万吨，依据工业发展预测排放需求量3.2万吨，差额为-0.6万吨。与化学需氧量类似，氨氮的来源行业与化学需氧量基本相同。化学需氧量和氨氮两者的目标值和预测值之间差额均为负数，说明河北省在水资源保护方面压力依然很大。

表4-22　河北省主要污染规划量、预测量及其差额

序号	主要污染物类型	2020年初始量	2025年规划量	2025年预测量	工业发展排放需求量	需求量和规划量差额
1	化学需氧量（万吨）	127.4	110.8	121.6	128.2	-17.4
2	氨氮（万吨）	3.2	2.6	5.8	3.2	-0.6
3	氮氧化物（万吨）	77.00	62.95	53.10	87.20	-24.2
4	$PM_{2.5}$浓度（微克/立方米）	44.8	37.0	25.5	54.6	-17.6
5	地级城市空气质量优良天数比率（%）	74.0	75.0	77.1	—	—

注：由于城市空气质量优良天数影响因素较多，尤其是受气候影响因素较大，与经济发展之间的相关性稍差，不对两者作出分析。“—”表明无数据。

资料来源：笔者依据河北省“十四五”规划、河北省统计局、河北省生态环境厅数据加工整理。

氮氧化物、$PM_{2.5}$浓度和空气质量优良天数比率都是衡量空气质量的重要指标。氮氧化物2025年的目标排放量是62.95万吨，依据历史排放数据预测为53.10万吨，依据工业发展预测排放需求量87.20万吨，工业发展排放需求量与目标排放量的差额为24.2万吨。氮氧化物是大气的主要污染物。2012—2021年，河北省氮氧化物排放量下降趋势非常明显，因此基于历史排放数据的预测量低于国家和省规定的目标量，但是从河北省工业增加值数据来看，2013—2017 年，由于“6643”工程等环境治理措施的实施，高污染、高排放的传统产业营业总收入从 29332.2 亿元持续下降到 18069.5 亿元，然而从 2018 年开始，上述行业营业总收入又逐步上升，2021 年为 34355.4 亿元。[①] 因此，基于经济发展污染排放需求量的预测值相对较高，河北省“十四五”规划中部分生态目标的差额为负数。$PM_{2.5}$ 浓度 2025 年的目标是 37.0 微克/立方米，依据历史数据预测为 25.5 微克/立方米，依据工业发展预测为 54.6 微克/立方米，与“十四五”规划目标的差额为 17.6 微克/立方米。$PM_{2.5}$ 浓度是衡量大气优良程度的重要指标。2012—2021 年，$PM_{2.5}$ 浓度大约下降了 2/3，因此基于历史数据的预测量低于国家和省规定的目标值。但是，由于河北省高污染排放产业营业总收入出现了跌而复涨的局面，基于工业发展的 $PM_{2.5}$ 浓度预测值相对较高，差额为负数。地级城市空气质量优良天数比率 2025 年的目标值是 75%，依据历史数据的预测值为 77.1%，差额为 2.1%。自 2011 年中国颁布空气质量优良天数新指标以来，河北省空气质量优良天数比率呈快速、稳定上升趋势，依据模型预测，2025 年河北省空气质量优良天数比率能够超额完成。

总体来看，污染物排放规划量与经济增长需求量间存在明显的矛盾，这就要求未来河北省必须通过产业结构调整、转型升级和技术创新方式来减少污染物的排放，从而实现“十四五”规划提出的各项既定目标。

---

① 本书中河北省高污染、高排放的传统产业包括煤炭开采和洗选业、石油和天然气开采业、黑色金属矿采选业、有色金属矿采选业、非金属矿采选业、农副食品加工业、纺织业、造纸和纸制品业、石油加工炼焦和核燃料加工业、化学原料和化学制品制造业、医药制造业、非金属矿物制品业、黑色金属冶炼和压延加工业、有色金属冶炼和压延加工业、电力热力生产和供应业、燃气生产和供应业总计 16 个行业，其营业总收入基于 2013—2022 年《河北统计年鉴》相关行业统计数据加总所得。

第五章

环境治理与经济高质量增长协同发展的路径探索

本章以实现河北省“十四五”规划中氮氧化物排放规划量为目标，通过建立数学模型，探讨了河北省经济高质量增长和污染治理协同推进的最优路径，并且为河北省经济存量的污染控制、经济增量中降低污染排放、优化产业结构提出了对策。

第一节　高质量增长的绿色化趋势

在资源短缺和环境污染问题日趋严重的背景下，中国提出了经济高质量增长的发展战略。河北省是一个资源和能源消耗大省，也是环境污染比较严重的省份，以绿色和可持续为重要特征的高质量增长对未来河北省改善生态环境、产业转型升级、优化能源结构和促进京津冀协同发展具有重要意义。

一　绿色化是新发展阶段考量经济高质量增长的核心要素

2005 年，时任浙江省委书记的习近平同志提出了“绿水青山就是金山银山”理念。党的十八大站在历史和全局的战略高度，从经济、政治、文化、社会、生态文明五个方面，制定了新时代统筹推进“五位一体”总体布局，生态文明建设正式上升为国家的战略决策。党的十八大以来，习近平总书记不断丰富“绿水青山就是金山银山”

理论，进一步提出“既要绿水青山，也要金山银山”“宁要绿水青山，不要金山银山”等一系列论断。随着尊重自然、顺应自然、保护自然生态文明理念的树立，生态文明建设已经融入经济建设、政治建设、文化建设、社会建设各方面和全过程。

2021 年 7 月，党中央郑重宣布中国已经全面建成小康社会，消除了绝对贫困，完成了第一个百年奋斗目标，中国开始进入实现第二个百年奋斗目标的新发展阶段。党的二十大报告明确提出，在新发展阶段，党的中心任务就是团结带领全国各族人民全面建成社会主义现代化强国，全面建设社会主义现代化国家的首要任务就是高质量发展，而推动经济社会发展绿色化、低碳化是实现高质量发展的关键环节。[①] 由此可以看出，中国已经将绿色化作为经济高质量增长的核心考量因素。究其原因在于以下方面。

第一，随着人口增长和经济发展，资源短缺、环境污染和生态破坏等问题日益严重。传统的高耗能、高污染经济增长模式已经无法满足可持续发展的需要。经济增长绿色化通过降低资源消耗、减少污染排放和提高环境质量，为实现可持续发展提供了有效路径。

第二，经济增长绿色化强调发展循环经济、绿色产业和低碳技术，这有助于推动传统产业转型升级，同时培育和发展战略性新兴产业和未来产业。通过优化产业结构，可以提高经济发展的质量和效益，增强经济增长的韧性和竞争力。

第三，经济增长绿色化要求不断进行技术创新和管理创新，提高资源的利用效率、降低生产成本和减少环境污染。这种创新驱动的发展模式有助于提升整个经济体系的创新能力和技术水平，为高质量发展提供强大的动力支持。

第四，在全球绿色发展趋势下，实现经济增长绿色化有助于提升国家在国际市场上的竞争力。绿色产品和绿色服务将逐渐成为国际市场的主流需求，而具备绿色技术和绿色生产能力的企业将在国际竞争

① 习近平：《高举中国特色社会主义伟大旗帜　为全面建设社会主义现代化国家而团结奋斗——在中国共产党第二十次全国代表大会上的报告（2022 年 10 月 16 日）》，人民出版社 2022 年版。

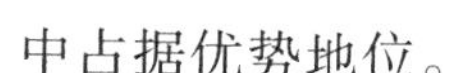

中占据优势地位。

二　河北省经济高质量增长主要目标解析

围绕新发展阶段对经济高质量增长的绿色化要求，依据河北省“十四五”规划相关内容，河北省经济高质量增长的目标主要包括转变经济发展方式、创新驱动、生态环境保护等几大方面。

第一，经济发展方式转变取得明显成效。河北省通过经济转型升级，调整优化产业结构，推动经济发展模式转变，实现经济结构从污染排放量大的重工业向高技术、高附加值的产业转变，不断增加高技术产业和战略性新兴产业的比重。首先，河北省要持续深化供给侧结构性改革，通过化解过剩产能和淘汰落后产能，清理僵尸企业，提高资源配置效率，优化河北省经济的供给结构。其次，将新发展阶段产业发展的重点由钢铁、煤炭、化工等传统重工业转向高新技术产业、绿色低碳产业和现代服务业等产业，精准选择并布局发展战略性新兴产业、高端装备制造业、数字产业和新型储能等朝阳产业，积极推动传统产业升级和转型。再次，践行党的二十大提出的大食物观，大力发展现代农业，提升农业科技水平，构建多元化食物供应体系，推动农业由传统农业向现代农业转变，提高农业综合生产能力。最后，大力发展服务业。中国已经步入后工业化阶段，服务业成为就业和创造价值的主要来源，因此，河北省要加大对现代服务业发展的支持力度，逐步提高服务业比重，促进服务业提质增效。

第二，科技创新能力得到明显提升。加大科技创新力度，促进技术进步和产业升级，提升全要素生产率水平，提高经济增长的质量和效益。河北省提出在“十四五”时期，创新能力明显提高，全社会研发经费投入年均增长10%，全员劳动生产率增长高于生产总值增长。每万人高价值发明专利拥有量从1.5件提高到3.5件，数字经济核心产业增加值占河北省地方生产总值比重从2.1%提高至5%，高新技术产业增加值占规模以上工业增加值的比重提高至25%左右。产业基础高级化，产业链、供应链、创新链现代化水平大幅提高。

第三，生态环境质量改善明显。河北省要不断加强环境保护工作，加快生态修复和生态经济建设，努力改善生态环境质量。按照中央下达的生态环境任务要求，河北省要积极采用新技术、新工艺、新设备，强化节能减排。到“十四五”末，河北省单位生产总值能源消耗和二氧化碳排放分别降低15%和19%，地级及以上城市空气优良天数比例达到80%，城市$PM_{2.5}$浓度降低10%以上，地表水达到或好于Ⅲ类水体比例达到55%。河北省要积极推动绿色发展，山水林田湖草沙系统治理水平不断提升，森林覆盖率提高到36.5%，城乡人居环境更加优美，京津冀生态环境支撑区和首都水源涵养功能区建设取得明显成效。

此外，河北省高质量增长包括城乡协调发展和高水平对外开放等方面。在城乡协调发展方面，河北省通过加强城乡一体化发展，努力补齐农村基础设施短板，提升农业现代化水平，促进城乡经济社会协调发展。在对外开放方面，通过积极参与全球经济合作和国际产能合作，吸引外资，推动跨境贸易和国际合作，拉动河北省经济持续快速增长。

综上所述，新发展阶段河北省经济高质量增长目标符合绿色化趋势，彰显了河北省环境治理与经济高质量增长协同推进的决心。实现新目标不但有助于河北省经济增长更协调、可持续、更具竞争力，进一步增强地方竞争力和提升河北省的发展水平，而且能减少污染排放，改善生态环境，使河北省的天更蓝、水更清。

三　河北经济增长绿色化的重要意义

（一）生态环境改善的必由之路

高质量增长不仅是经济持续健康发展的内在要求，也是生态环境改善的重要驱动力。河北省通过采取一系列环境治理、生态保护行动，空气质量得到持续改善，地表水质量得到一定提升，其他环境指标也有不同程度改善，生态环境质量状况整体取得了明显进步。但需要引起注意的是，河北省生态环境质量提升还有较大潜力，各项指标排名还有较大提升空间，尤其是空气质量方面，与全国大部分重点城市相比还存在明显差距。总体而言，河北省要从根本上改善生态环境质量，不仅要采取严格的环境治理手段，还要注重发挥转变经济增长方式、调整产业结构、优化能源结构等促进经济高质量增长因素的重

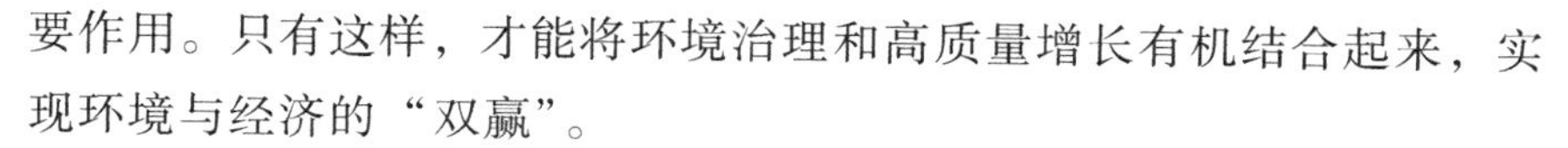

要作用。只有这样，才能将环境治理和高质量增长有机结合起来，实现环境与经济的“双赢”。

（二）产业转型升级的最终目标

河北省是一个工业大省。一方面，河北省的三次产业结构偏重。2018 年，河北省产业结构虽然实现了从“二三一”到“三二一”的根本性转变，但工业占比依然高于全国平均水平，服务业占比还有较大提升空间。以 2021 年为例，全国三次产业构成：第一产业增加值 7.3%，第二产业增加值 39.4%，第三产业增加值 53.3%。北京分别为 0.3%、18.0%和 81.7%，天津分别为 1.4%、37.3%和 61.3%。河北省三次产业构成分别为 10.0%、40.5%和 49.5%①，工业产值占比显著高于北京和天津，服务业产值占比低于全国平均水平，与京津两地差距明显，说明河北省仍然存在产业结构偏重的问题。另一方面，河北省第二产业中重工业比重偏大。据河北省统计局数据，2021 年，河北省分行业规模以上工业主要经济指标显示，河北省煤炭开采和洗选业、石油和天然气开采业、黑色金属矿采选业、有色金属矿采选业、非金属矿采选业企业共 508 家，石油、煤炭及其他燃料加工业、化学原料和化学制品制造业、非金属矿物制品业、黑色金属冶炼和压延加工业、有色金属冶炼和压延加工业、金属制品业企业共 5479 家，电力、热力生产及供应企业，燃气生产和供应业企业共 851 家，上述行业占规模以上工业企业总数的比例为 42.4%，其营业收入占比更是高达 66.5%。这说明河北省第二产业中重工业占比依然偏大。

此外，在京津冀协同发展战略中，河北省作为全国产业转型升级试验区，必须进一步优化产业结构，加快推动新质生产力的发展，构建绿色低碳产业体系，提高能源资源利用效率，降低产业活动对生态和环境的影响，最终实现经济高质量增长。

（三）能源结构优化的迫切需要

能源是人类社会生存和经济增长的关键物质基础。2021 年河北省能源消费总量约 3.3 亿吨标准煤，其中，煤炭消费量折合标准煤 2.5

---

① 国家统计局网站数据，https://www.stats.gov.cn/sj/ndsj/2022/indexch.htm。

亿吨，占比76.6%；石油消费量折合标准煤2161万吨，占比6.6%；天然气消费量折合标准煤2474万吨，占比7.6%。[①] 国家能源消费总量52.4亿吨标准煤，煤炭消费占比56.0%、石油消费占比18.5%、天然气消费占比8.9%。[②] 河北省煤炭消费量占全国煤炭消费量的6.2%，煤炭在能源消费总量中的占比高于全国水平20.6%。由煤炭消费带来大量污染物排放的属性可以得出，以煤炭为主的能源消费结构成为阻碍河北省经济高质量增长的重要因素之一。

随着产业转型升级的不断推进，传统能源消费需求量大的重工业比重下降，河北省逐步减少了对煤炭、石油等能源的需求，为进一步优化能源消费结构奠定了基础。河北省地形地貌条件较好，太阳能、风能资源丰富，通过加快发展清洁高效能源，不断提高太阳能光伏、风力发电、水力发电等可再生能源和氢能、核能等清洁能源在能源消费结构中的比重，使河北省的能源结构形成“以新（能源）换老（传统能源）”的良好发展态势。反过来，能源结构的优化又为河北省经济高质量增长提供了重要支撑。

（四）京津冀协同发展的必然选择

京津冀协同发展战略实施以来，北京非首都功能疏解取得了较大进展，但依然存在区域差距逐步扩大、疏解成本偏高、产业协作水平不高等突出问题。例如，2021年北京技术合同成交额7005.7亿元，其中流向河北省的技术合同成交额为240.2亿元，占比3.4%，占流向外省份合同额的5.5%[③]，“京津研发，河北省转化”的局面尚未形成。

京津冀协同发展速度较慢的重要原因就是河北省产业体系现代化程度较低，传统产业比重较大，与京津以创新和绿色为特色的高端产业差距过大，从而导致河北省的产业链对转移产业的支撑力不足，归

① 河北省统计局、国家统计局河北调查总队：《河北统计年鉴（2022）》，中国统计出版社2022年版。

② 国家统计局：《2021年度统计公报》，2022年2月28日，国家统计局网站，https://www.stats.gov.cn/sj/zxfb/202302/t20230203_1901393.html。

③ 北京技术市场管理办公室：《2021年北京技术市场统计年报》，2022年12月1日，北京技术市场管理办公室网站，https://kw.beijing.gov.cn/art/2022/12/1/art_9908_642690.html。

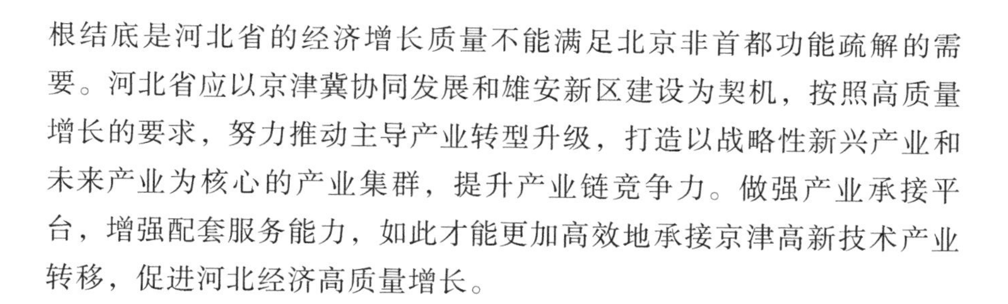
根结底是河北省的经济增长质量不能满足北京非首都功能疏解的需要。河北省应以京津冀协同发展和雄安新区建设为契机，按照高质量增长的要求，努力推动主导产业转型升级，打造以战略性新兴产业和未来产业为核心的产业集群，提升产业链竞争力。做强产业承接平台，增强配套服务能力，如此才能更加高效地承接京津高新技术产业转移，促进河北经济高质量增长。

第二节　环境治理与经济增长协同发展模型及最优增长路径设计

一　环境治理与经济增长协同发展模型构建

根据河北省不同产业存量、污染排放量的实际情况，以及2025年河北省主要污染物排放规划量，通过科学合理分配高污染、高排放产业和低污染、低排放产业不同的增长幅度，以保证完成国家以及河北省委、省政府制定的污染排放规划量。基于上述思路，设计出以下数学模型。

（1）假定河北产业由高污染、高排放的产业（以下简称“两高”产业）和低污染、低排放的产业（以下简称“两低”产业）两部分组成，其中，“两高”产业是指依据行业排污系数、污染排放溯源中污染排放量排名等指标选定的高污染、高排放行业的集合体，“两低”产业是指除选定的“两高”产业以外的行业。

（2）假定“两高”产业存量为 A，该产业的年均增长速度为 $x\%$，其污染排放量为 C，污染排放增长率同样为 $x\%$。

（3）假定“两低”产业存量为 B，该产业的年均增长速度为 $y\%$，其污染排放量为 D，但是污染排放增长率为 $z\%$，其中，$A>B$，$C>D$，$y>x$，$z>x$。

（4）假定 n 年后污染排放的控制增长总量为不超过 $m\%$。

在上述假定条件下，计算污染排放控制目标下“两高”产业和“两低”产业两者的最优增长率。首先计算“两高”产业和“两低”

产业 n 年的总量。

（5）“两高”产业 n 年后的总量为

$A(1+x\%)^n$

（6）“两低”产业 n 年后的总量为

$B(1+y\%)^n$

然后计算“两高”和“两低”产业 n 年污染排放总量。

（7）“两高”产业 n 年后污染排放总量为

$C(1+x\%)^n$

（8）“两低”产业 n 年后污染排放总量为

$D(1+z\%)^n$

（9）n 年后总体污染排放增长量等于“两高”产业和“两低”产业总体污染排放量之和。即

$C(1+x\%)^n+D(1+z\%)^n$

假定一：按照当前“两高”产业和“两低”产业的存量、年增长率及其污染排放增长率计算，n 年后总体污染排放增长量没有超过 $(C+D)(1+m\%)$，这意味着无须重新调整目前的产业结构就可以完成污染排放目标。

假定二：如果 n 年后总体污染排放增长量超过了 $(C+D)(1+m\%)$，说明必须通过调整“两高”产业和“两低”产业的增长率才有可能实现既定的污染排放目标。假定 n 年后“两高”产业和“两低”产业污染排放总量为约束性目标，可以使用以下公式计算“两高”产业和“两低”产业新的总量分配。

$$n\text{ 年后“两高”产业新总量}=A(1+x\%)^n\frac{(C+D)(1+m\%)}{C(1+x\%)^n+D(1+z\%)^n}$$

$$n\text{ 年后“两低”产业新总量}=B(1+y\%)^n\frac{(C+D)(1+m\%)}{C(1+x\%)^n+D(1+z\%)^n}$$

依据假定二设定的条件，n 年后“两高”产业新总量应该小于按照当前“两高”产业增长率而生成的总量。如果新总量大于初始量，“两高”产业在未来是正增长。如果新总量小于初始量，则意味着未来“两高”产业将继续压缩产能，才能实现既定的排放目标。与此类

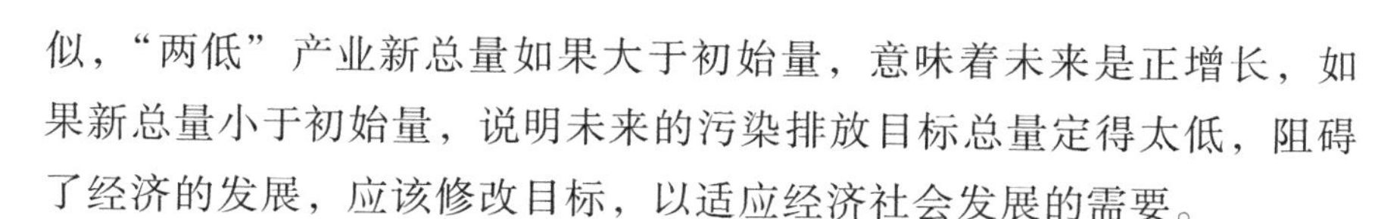

似，“两低”产业新总量如果大于初始量，意味着未来是正增长，如果新总量小于初始量，说明未来的污染排放目标总量定得太低，阻碍了经济的发展，应该修改目标，以适应经济社会发展的需要。

二　环境治理约束下河北省经济高质量增长最优路径设计

河北省位于中国北部，是京津冀经济圈的重要组成部分，也是中国重要的经济增长极。中华人民共和国成立以来，河北省经济总量一直居全国前列。由于所在区域污染承载力比较低，部分高污染传统产业发展受到限制，近年来河北省经济发展速度有所下降，地方生产总值在全国的排名也有所下降。如何实现河北省经济的高质量增长，做到污染防控和经济增长相协调，是河北省发展的一个重大问题。

依据前文模型的思路，结合河北省统计局、工信厅和发展改革委相关统计数据，推算河北省经济高质量增长的最优路径。假定河北省的产业是由“两高”产业和“两低”产业两部分组成的，其中“两高”产业主要包括前文列出的16个主要污染排放比较多的行业。“两低”产业是指除“两高”产业外的所有工业行业。在国家和河北省制定的污染排放目标强约束条件下，计算“两高”产业和“两低”产业结构的最优比例，以及最优的年均增长率。

在河北省“十四五”规划中列出的主要污染物中，化学需氧量和氨氮是地表水污染的主要污染物，氮氧化物是空气的主要污染物，$PM_{2.5}$浓度是空气污染综合指标之一，包含成分很复杂。与$PM_{2.5}$浓度类似，城市空气质量优良天数比率指标影响因素也比较多，均不适宜作为分析经济增长的约束条件。从河北省2021年地表水质量统计数据看，河北省已经完全消除了Ⅴ类和劣Ⅴ类地表水。Ⅰ类、Ⅱ类和Ⅲ类地表水占比已经超过82.1%[①]，表明河北省化学需氧量和氨氮虽然排放量较大，但综合处理较好，对地表水的污染正在减少，因此，在考虑污染排放目标约束时，不必作为主要约束条件。大气污染一直是河北省环境污染重点关注的对象，河北省的空气污染物甚至外溢到

① 河北省生态环境厅：《2022年河北省生态环境状况公报》，2023年6月2日，河北省生态环境厅网站，https://hbepb.hebei.gov.cn/hbhjt/sjzx/hjzlzkgb/。

首都北京，直接影响了国家的形象，因此河北省大气污染也是中央关注和重点解决的环境问题。河北省的氮氧化物排放量在全国各省份中最多，也是河北省重点控制的大气污染物，本书以氮氧化物为代表性污染物，以其“十四五”排放规划量为约束条件，分析传统产业（以“两高”产业为代表）和高技术产业（以“两低”产业为代表）未来的年均增长率和产业结构比例。

依据国家2021年工业行业排放最新数据，三大主要污染行业（电力、热力生产和供应业，非金属矿物制品业，黑色金属冶炼和压延加工业）的氨氮排放量占排放总量的82.1%，由于缺乏前文16个主要污染行业中其他13个行业氮氧化物排放数据，在计算的过程中，笔者在咨询河北省相关生态环境专家后①，采用假定的方式处理，即85%的氮氧化物为16个主要污染行业排放量，其余15%氮氧化物为“两低”产业排放。

依据2012—2021年河北省16大行业营收总和的统计数据，利用Matlab软件General model Fourier模块进行拟合分析，建立以下数据模型。

$$f(x)=2.697\times10^4+7254\cos(0.4652x)-6462\sin(0.4652x)$$

R-square：0.9174

以此模型为基础，预测出2023年河北省16个主要污染行业营收总和为36681.3亿元，2024年为35531.9亿元，2025年为32562.8亿元。以2021年河北省“两高”产业营收总和34355.4亿元为基数，“十四五”时期“两高”产业年均增长率为-1.1%，这也意味着“两高”产业污染物排放增长率也为-1.1%。

依据2019—2021年河北省“两低”产业营收总和统计数据，利用Matlab软件Linear model Poly模块进行拟合分析，建立以下数据模型。

$$f(x)=1.55+04x+2.5\times10^3$$

R-square：0.8725

以此模型为基础，预测出2023年河北省“两低”产业营收总和

---

① 依据生态环境专家意见，河北省16个主要污染行业氮氧化物排放量占排放总量的80%—90%，本书采用中位数处理，即假定16个主要污染行业氮氧化物排放量占比为85%，其余15%氮氧化物为其他产业排放。

为21090.4亿元，2024年为22639.6亿元，2025年为24188.8亿元。以2021年河北省“两低”产业营收总和19578.6亿元为基数，“十四五”时期“两低”产业年均增长率为4.3%，这说明“两低”产业污染物排放增长率为4.3%。

依据“两高”产业与“两低”产业氮氧化物排放的比例数据（见表5-1），2021年，河北省氮氧化物排放总量为82.2万吨，其中来自工业源的数量为30.1万吨，“两高”产业与“两低”产业排放的氮氧化物分别为24.7万吨和4.5万吨。假定来自生活源和移动源的氮氧化物排放量34.5万吨①，那么2025年来自工业源的氮氧化物排放目标控制量为28.5万吨。

表5-1　河北省氮氧化物合规排放下产业结构最优比例及增长率

2021年实际排放量（万吨）	2025年规划排放量（万吨）	“两高”产业需求量（万吨）	“两低”产业需求量（万吨）	“十四五”时期“两高”产业最优年增长率（%）	“十四五”时期“两低”产业最优年增长率（%）
82.2	62.95	24.4	5.6	-2.1	3.3

2025年，“两高”产业的污染排放量计算公式为24.7×（1-1.1%）^{5}，结果为24.4万吨。“两低”产业的污染排放量计算公式为4.5×（1+4.3%）^{5}，结果为5.6万吨。两者合计为30.0万吨。这意味着河北省经济发展对氮氧化物排放的需求量大于目标控制量，必须通过优化产业结构实现国家和省政府的污染排放控制目标。

按照上文思路计算，2025年，“两高”产业的营业总收入应该控制在30934.7亿元②，因此，“两高”产业在“十四五”时期必须继续化解过剩产能，每年降低产能2.1%。“两低”产业的营业总收入应该控制在22979.4亿元③，“两低”产业在“十四五”时期的年均

① 依据河北省2012—2021年氮氧化物排放量的统计数据，计算后得出，河北省氮氧化物排放量平均每年下降7.9%，以此为依据，推测来自生活源和移动源的氮氧化物排放量同样以7.9%的年均速率递减。

② “两高”产业的营业总收入为32562.8×（28.5/30.0）=30934.7亿元。

③ “两低”产业的营业总收入为24188.8×（28.5/30.0）=22979.4亿元。

增长率应该控制在3.3%。

从理论上讲，“两高”产业的营业总收入在“十四五”规划期间每年减少2.1%，而“两低”产业的营业总收入在“十四五”规划期间每年增长3.3%，是河北省完成氮氧化物2025年目标控制量的工业最优增长速度。然而，按照这样的工业增长速度，很难完成“十四五”规划中制定的河北省地方生产总值年均增长率6%的目标。

为了实现“十四五”规划的增长率目标，必须拓展思路。一是提升化解“两高”产业产能的幅度，让出一部分污染排放量给“两低”产业，可以提升“两低”产业的年均增长率。但是，从理论上讲，这并不是整体效率最高的做法。二是大幅提高第三产业的产值和增长速度。2022年河北省三次产业结构比例为10.4∶40.2∶49.4，与全国三次产业比例（7.3∶39.9∶52.8）相比，河北省第三产业的比重明显偏低，尚有很大的发展空间和潜力。通过第三产业的快速发展，弥补河北省工业发展受限的不足。三是降低生活源和移动源的污染排放量。政府大力宣传绿色生活方式，倡导绿色出行、环保家居、环保建筑、随手关灯、节约用电等，交通部门采用绿色的交通方式，减少公路运输，增加铁路运输和水运。通过降低生活源和移动源的污染排放量，可以为经济增长腾出更多的空间。

第三节　优化产业结构是河北省环境治理与经济高质量增长协同发展的关键

一　加强河北省经济存量污染排放控制

前文探讨了污染排放规划量强约束条件下，河北省经济增长的最优产业结构和增长率，其中一个前提是“两高”产业的生产工艺和产污系数不变。但是，河北省的经济存量中“两高”产业占比很高，在相当长的一段时期内都是河北省的支柱产业。通过强化重工业的污染治理、推动产业转型升级，从而降低产污系数，就能为低污染、低排放的战略性新兴产业腾出更大的发展空间。

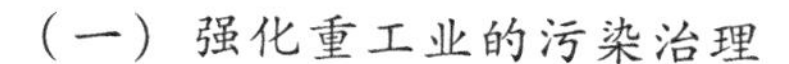

（一）强化重工业的污染治理

河北省污染排放量最大的行业集中在重工业领域，前文统计的16个主要污染行业绝大多数属于重工业，重工业的营业总收入占河北省工业营业总收入的一半以上，是河北省经济存量的主体。煤炭、石油是重工业的主要生产原料和燃料，也是重要的污染物来源。例如，河北省煤炭消费量居全国第4位，能源消费强度为全国平均水平的1.6倍。因此，河北省加强经济存量的污染排放控制，关键在于强化对重工业污染排放的管理，包括全面实行排污许可制、强化污染物排放总量控制、积极推进重点行业深度治理和优化重点行业企业布局等。

1. 全面实行排污许可制

排污许可证是环境保护管理中的重要制度，主要用于对排污单位排污权的约束。《中华人民共和国水污染防治法》《中华人民共和国大气污染防治法》《中华人民共和国环境保护法》（以下简称《环境保护法》）等法律，都对排污许可证进行了详细的规定。由于河北省重工业比重较大，高污染、高排放企业数量众多，全面实行排污许可证制度，对规范企业污染排放具有重要意义。环境管理部门应结合河北省企业的实际情况，不断完善排污许可证制度，构建以排污许可制为核心的污染源监管制度体系。实施排污许可"一证式"管理，建立以排污许可证为主要依据的生态环境日常执法监督工作体系，强化排污许可监管、监测、监察一体化管理。尤其是要加强煤炭、钢铁、冶金、化工、纺织等重点行业排污许可的管理，这是减少河北省污染排放最重要的环节之一。2020年，河北省超过24.2万家企业纳入了排污许可管理，占河北省工业企业总数的94.6%，大约还有1.4万家企业尚未纳入排污许可管理。下一步，河北省要努力全面施行排污许可制，进一步强化对企业污染排放的管理。结合国家"碳达峰、碳中和"目标，还需加强排污许可制度与碳排放权交易制度的协同管理，将温室气体排放纳入环境评价管理指标体系。

2. 强化污染物排放总量控制

污染物排放总量控制是对某一区域内各种污染源排放的污染物总量实施控制的管理制度。一般来说，一个区域允许排放的污染物总量要低于该区域的污染物承载量，并且在执行的过程中，要求污染源排放的污染物总量只能等于或低于允许的排放物总量。《环境保护法》明确规定，中国实行重点污染物排放总量控制制度。国务院制定重点污染物排放总量的控制指标，各个省、自治区、直辖市对指标进行分解并落实。

落实污染排放总量控制规划，河北省必须做到科学管理、精准施策。一方面，加强对高耗能、高排放项目的监管，严格把关“两高一低”项目环评，尤其是要遏制“两高”项目盲目发展。[①] 严禁新增钢铁、焦化、水泥、玻璃、煤化工产能，合理控制目前河北省短缺但污染排放较大的煤制油气产能规模。另一方面，按照谁排放的污染物多、谁承担的减排任务量大的原则，把中央下达的污染物排放总量指标，主要分解给污染排放量排名靠前的行业，尤其是唐山市和邯郸市的钢铁行业、邢台市的玻璃行业以及沧州市的化工行业等。环保部门对属于这些行业的企业排污行为进行严格限制，协助这些企业制订严格的排污计划，科学分解、优化减排总量指标，做到企业的排污计划可操作、可落实、可监测、可核查，从而保证污染物减排任务的完成。同时，制定完善的总量减排考核制度，健全污染减排激励与约束机制，统筹正面奖励与负面处罚，防止企业弄虚作假，削弱污染物排放总量控制政策的效果。

3. 积极推进重点行业深度治理

工业是污染排放最主要的源头。工业排放的污染物类型多样，包括固体废物、挥发性污染物等，并且排放量很大。因此，必须强化重点行业和主要污染物的减排。

强化工业固体废物污染防治。固体颗粒物排放是造成 PM_{10} 指数升高的重要原因之一。按照生态环境部的统计数据，大约 2/3 的颗粒物排放来自工业源头。煤炭开采和洗选业、非金属矿物制品业、黑色金属冶炼和压延加工业是固体颗粒物排放最大的行业，也是河北省的支柱产业。因此，上述行业是河北省工业固体废物污染治理的重点。

① “两高一低”项目指高耗能、高排放、低水平项目。

环境管理部门要建立完善重点企业固体废物管理台账，持续深入开展企业排放固体颗粒物和固体废物的治理行动。通过生产企业逆向回收等方式，让社会上的大型固体废物返回到生产企业进行综合回收加工处理。在邯郸市、唐山市加快建设国家级大宗固体废物综合利用基地，促进工业大型废物综合利用产业集聚发展，提升综合利用水平，最终实现河北省大型固体废物的零排放。

加强挥发性污染物综合治理。挥发性污染物主要分为两类：固体挥发性污染物和液体挥发性污染物。一般情况下，挥发性污染物主要是指对空气污染影响较大的有机挥发性污染物，是导致 $PM_{2.5}$ 指标升高的重要因素之一。有机挥发性污染物主要来自石油化工的生产存储、工业涂装以及其他具有挥发性产品的生产。2021 年，河北省石油化工相关行业营业收入 5147.6 亿元，对工业营业总收入的贡献度高达 9.3%，从营业收入和贡献度看，河北省石油化工相关行业的生产规模十分庞大，相应地，其挥发性污染物排放也比较大。因此，应严格对石油化工等行业挥发性有机物污染的治理，促使相关企业努力提升废气收集率，对存储易挥发有机液体储罐进行高密封性改造，加强油船和原油、成品油码头的油气回收治理，降低挥发性污染物的排放。工业涂装、包装印刷等行业也是挥发性污染物排放的重点行业，通过使用低挥发性有机物含量的涂料、油墨、胶黏剂、清洗剂，推进原辅材料和产品源头替代工程，对这些行业进行全过程污染物排放治理。同时，加强对工业炉窑污染排放的综合治理，减少氮氧化物的排放。

4. 优化重点行业企业布局

张萍和刘军收集了江苏省 2007—2016 年制造业集聚的相关数据，采用空间计量模型进行分析，发现江苏省制造业集聚加剧了区域环境污染。[①] 目前，河北省的主要企业布局在各工业园或经济技术开发区内，部分工业园和开发区规模很大，聚集程度很高，污染排放量也比较大，并且多数园区与主要城市距离较近，甚至部分企业分布在城区

① 张萍、刘军：《产业协同集聚对江苏区域环境的影响》，《阅江学刊》2020 年第 3 期。

内，因此，对污染比较敏感的城市影响很大。在污染排放量不变的情况下，把主要污染企业向环境污染承载量更大、扩散条件较好的区域布局，有利于改善大气污染，减少对人民生活的影响。实施“两高一低”企业退城搬迁政策，将处于城市建成区的污染企业搬迁到城市建成区以外的工业园区。例如，唐山市内的6家钢铁企业（唐银钢铁、国堂钢铁等）、焦化企业和邯郸市内的邯钢东区，应该尽快搬迁到远离市区的区域，其搬迁有利于大幅改善唐山市内和邯郸市内的空气质量。对于大量分布在城区的热电企业，在保障供热和供电稳定的情况下，有计划地实施退城搬迁。在企业大量聚集的工业园区，管委会通过整体优化园区能源系统，提高可再生能源在工业园能源结构中的比重，减少煤炭或石油为燃料生产流程的污染排放。综合整治污染处理系统，提升供热、供电、污水处理、中水回用等公共基础设施的共建共享水平。工业园区外生产工艺需要排放大量废水的企业，一律迁入工业园，其污水在园区的污水处理设施统一处理。加强园区固体废物、危险废物集中贮存和无害化处置。

为了保证钢铁、水泥等重点行业在2030年前实现碳达峰的目标，河北省应该加大对企业低碳技术创新的支持力度，鼓励企业实施节能减排行动。[①] 此外，应强化对工业排放的新污染物的治理。新污染物主要是指国际公约管控的持久性有机污染物、内分泌干扰物、抗生素等。2022年5月，中国制定了《新污染物治理行动方案》，加强了对新污染物的治理。2022年12月，河北省政府制定了《河北省新污染物治理工作方案》，对河北省新污染物环境风险管理工作进行了部署，防止新污染物排放对生态环境造成破坏，切实保障河北省生态环境安全和人民群众的身体健康。

（二）推动产业转型升级

虽然河北省是经济大省，但是采用落后生产工艺的传统产业占比较高，因而污染排放量也比较大。如果仅仅依靠加强污染治理，很难

① 河北省人民政府：《河北省生态环境保护“十四五”规划》，2022年1月12日，河北省人民政府网站，https://www.hebei.gov.cn/columns/b1b59c8c-81a3-4cf2-b876-8618919c0049/202308/14/f672ea8d-f380-4b73-9c60-f1474221ff44.html。

实现根本改变污染局面的最终目标。传统产业通过加强研发，采用先进技术、先进工艺、先进设备实现产业转型升级，可以显著减少污染排放。朱丽萌和姜峰依据2011—2020年全国217个城市的面板数据进行分析，发现产业转型升级可以明显降低本地的空气污染浓度，甚至有助于降低相邻地区的空气污染程度，表现出明显的空间外溢性。[①]因此，通过推动产业转型升级降低污染排放是一条可行的路径。

1. 提升环境科技创新能力

创新是中国五大新发展理念中的第一个新理念，环境科技创新与企业减少污染排放有着密切的关系。环境科技创新能够催生出新的环保设备和技术，例如更加高效的污水处理设备、废气净化设备和废物综合利用设备等，这些设备可以帮助企业更有效地处理废物和排放物，减少对环境的污染，促进企业实现技术创新和产业升级。为了提升环境科技的创新能力，首先，要加快构建绿色技术创新体系。以促进河北省传统产业转型升级为目标，构建企业、研究院所、高校和政府一体化的绿色技术创新联盟，各主体协同发力，打造基础研究、成果转化、应用推广和形成产业化等一套完整的绿色技术创新体系。其次，要大力加强绿色研发基础设施建设。联合科研院所和高校，建设一批以环境保护和减少污染排放为主要研究方向的实验室、研究中心、污染观测站等研发平台，利用京津冀协同发展和雄安新区建设的机遇，积极引进一批国家级重点实验室，为环境保护技术研发奠定坚实的物质基础。再次，加强环境科技创新人才建设。人才是科技创新的原动力，因此必须培养大量的环境保护技术人才。支持河北省高校设置环境保护相关专业，扩大环境保护及相关专业的招生数量。最后，加快建设河北省生态环境智库。在全国甚至全球范围内招聘生态环境保护专家，为政府出台科学合理的产业转型升级政策提供智力支撑。

2. 加强关键科学技术研发

推进钢铁、水泥、石油、化工等高污染、高排放产业生产工艺和

---

① 朱丽萌、姜峰：《产业结构高级化对区域性空气污染治理的影响》，《中国井冈山干部学院学报》2022年第4期。

设备的绿色创新，升级生产工艺和技术，严控工业污染物排放。推广水泥生产原料替代技术，鼓励利用转炉渣等非碳酸盐工业固体废物作为原辅料生产水泥，减少开采石灰岩所造成的山体破坏和污染物排放。在火力发电、钢铁、石油、化工等产业实施重大节能低碳技术改造，开展全流程二氧化碳减排，推广碳捕集利用与封存，减少温室气体排放。加强大气臭氧层形成机理的研究和河北省上空臭氧层异常的监测和预报，大力开展固体颗粒物、氮氧化物、挥发性有机物、氨等大气污染物和二氧化碳等温室气体的协同控制。通过实施强制性清洁生产审核，强化对有色金属开采、铅锌冶炼行业执行固体颗粒物、重金属污染物排放限值管理，推动涉重金属企业进行清洁生产技术改造。与国家白洋淀国家公园建设规划相适应，开展白洋淀流域生态环境修复与水污染治理技术基础研究及科技攻关。加快黑色金属、有色金属冶炼、硫酸和化肥相关企业的升级改造。加强上述行业废水除铊治理，同时推动电镀、铅蓄电池制造、制革等行业的技术研发，减少污水排放量和减少污水中酸碱、重金属等的含量。推进华北平原土壤污染识别与诊断技术研究，加强重污染耕地原位修复等关键技术的研究。

3. 加快推进重点行业绿色转型

在钢铁、水泥、玻璃、焦化、陶瓷等产业中，工业炉窑是上述产业生产工艺中的重要设备，其主要燃料包括焦炭、重油，轻柴油、煤气和天然气等，因此，工业窑炉是污染排放量最多的生产设备之一。依据国务院《“十四五”节能减排综合工作方案》，到 2025 年，中国完成 5.3 亿吨钢铁产能超低排放改造，大气污染防治重点区域燃煤锅炉全面实现超低排放。“十四五”时期，国家要求规模以上工业单位增加值能耗下降 13.5%，例如炼焦行业，在煤制焦炭的顶装焦炉生产工艺中，要求单位产品能耗由 135 千克标准煤/吨下降到 100 千克标准煤/吨（见表 5-2），下降幅度达 25.9%；万元工业增加值用水量下降 16%。到 2025 年，国家要求钢铁、石油、水泥、玻璃、合成氨等重点行业达到能效标杆水平的比例超过 30%。按照国家节能减排综合工作方案要求，通过实施节能降碳行动，大力推动河北省钢铁、焦化等企业的工业炉窑升级改造，有序引进电弧炉短流程炼钢等生产工艺，更好发挥电弧炉短流程炼钢工艺的绿色低碳作用。据河北省发展改革委资料显示，“十四五”时期，河北省具备改造条件的窑炉达到710座。由此可以看出，重点行业工业窑炉的升级改造是减少河北省污染物排放的关键措施之一。2022年11月，河北省印发《关于推进全省重点行业环保绩效创A的实施意见》[①]，以21家钢铁企业环保绩效全面创A为引领，增加实施焦化、水泥、平板玻璃等7个重点行业环保绩效创A。

表5–2　部分工业能效标杆水平和基准水平（2023年版）

序号	国民经济行业分类			重点领域		指标单位	标杆水平	基准水平
	大类	中类	小类					
1	石油、煤炭及其他燃料加工业	精炼石油产品制造	原油加工及石油制品制造	炼油		千克标准油/吨	7.5	3.5
		煤炭加工	炼焦	煤制焦炭	顶装焦炉	千克标准煤/吨	100	135
					捣固焦炉		110	140
		煤炭加工	煤制液体燃料生产	煤制甲醇	褐煤	千克标准煤/吨	1550	2000
					烟煤		1400	1800
					无烟煤		1250	1500
				煤制烯烃	乙烯和丙烯	千克标准煤/吨	2800	3300
				煤制乙二醇	合成气法	千克标准煤/吨	1000	1300
2	化学原料和化学制品制造业	基础化学原料制造	无机碱制造	烧碱	离子膜法液碱≥30%	千克标准煤/吨	315	350
					离子膜法液碱≥45%		420	470
				纯碱	氨碱法（轻质）	千克标准煤/吨	320	370
					联碱法（轻质）		160	200
					天然碱法–碳化法（轻质）		410	440
			无机盐制造	电石		千克标准煤/吨	805	940

① 环保绩效创A是指企业达到环保绩效评级A级水平，即行业内环境治理最好水平。

续表

序号	国民经济行业分类			重点领域	指标单位	标杆水平	基准水平
	大类	中类	小类				
3	非金属矿物制品业	玻璃制造	平板玻璃制造	平板玻璃（生产能力>800 吨/天）	千克标准煤/重量箱	8	12
				平板玻璃（500 吨/天≤生产能力≤800 吨/天）		9.5	13.5
		陶瓷制品制造	建筑陶瓷制品制造	吸水率≤0.5%的陶瓷砖	千克标准煤/平方米	4	7
				0.5%<吸水率≤10%的陶瓷砖		3.7	4.6
		陶瓷制品制造	卫生陶瓷制品制造	卫生陶瓷	千克标准煤/吨	300	630
4	黑色金属冶炼和压延加工业	炼铁	炼铁	高炉工序	千克标准煤/吨	6	435
				电弧炉冶炼：30 吨<公称容量<50 吨	千克标准煤/吨	67	86
				电弧炉冶炼：公称容量≥50 吨		61	72
		铁合金冶炼	铁合金冶炼	硅铁	千克标准煤/吨	1770	1850
				锰硅合金		860	950
				高碳铬		710	800

资料来源：《工业重点领域能效标杆水平和基准水平》（2023 年版）。

实施工业园区和产业集群升级改造，提升产业链供应链绿色化水平。工业园区往往是一个地区工业企业最集中的区域，分布着一个或多个产业集群，因此，必须对工业园区进行整体升级改造，才能更好地控制污染物排放。优化工业园区总体空间布局，深化国家级和省级工业园区的循环化改造，促进园区绿色发展。以工业园区为平台，以资源节约、环境友好为目标构建采购、生产、营销和物流的绿色循环体系。以物联网、大数据和云计算等信息技术为基础，构建园区企业的绿色供应链管理体系。支持园区内企业进行工业产品绿色设计和绿色制造，引进先进、适用的绿色生产技术和装备。政府支持企业、高校和科研机构等建立绿色技术创新项目孵化器或创新创业基地，开展各类节能降碳、污染防治、清洁生产、新能源及生态修复等绿色技术研究，建立科技成果转化项目库，在工业园区进行绿色技术成果转移、转化和推广应用。鼓励化工、铸造、印染、电镀、加工制造等传统制造业产业集群积极利用项目库中成熟的绿色技术，进行协同改造，提高产业集群整体集约化、绿色化水平。

4. 积极推动资源综合利用

绿色科技创新不仅可以减少污染排放，而且可以充分利用资源，降低能源和其他原料的消耗，从而提高资源的利用率。通过采用先进生产工艺或引进先进生产设备，实现对大宗工业固体废物的再加工和集约化利用。由于河北省矿产资源多是共生矿或伴生矿，矿产资源的综合利用和综合开发有利于提升河北省矿产资源的经济价值，同时减少尾矿和固体废物的排放。对于河北省现存的尾矿库和历史遗留的金属废渣，积极引进国内外的先进技术，推动对尾矿和金属废渣的综合利用，减少其对生态环境的破坏。积极引进农业生产废弃物、农村畜禽养殖废弃物等综合利用的成套技术装备，通过热解、生物质气化等工艺减少农业废弃物对环境的污染。

（三）化解或淘汰过剩和落后产能

河北省是传统工业的大省，尤其是钢铁、煤炭、石油化工等重工业比重过大，化解过剩产能和淘汰落后产能，不仅是减少河北省污染排放量的重要途径，也是优化河北省产业结构的不二选择。

近年来，河北省大力压减钢铁、煤炭、焦炭、水泥、平板玻璃等产业的产能（见表 5-3）。2013—2017 年，河北省实施“6643”工程，大幅度压减炼钢、煤炭、水泥和玻璃产能。2018—2020 年，河北省继续压减炼钢产能 4033.4 万吨，煤炭产能 1840.5 万吨，焦炭产能 1057.4 万吨，水泥产能 647.4 万吨，平板玻璃产能 2310.0 标箱。2021 年，河北省再次压减钢铁产能 2171.0 万吨。无论是过剩产能还是落后产能，其污染排放量都远高于战略性新兴产业，因此，河北省淘汰掉大量过剩产能和落后产能，对提高河北省大气质量和改善地表水资源发挥了极大的作用。河北省的氨氮、二氧化硫、氮氧化物、固体废物等排放量由2013年的10.7万吨、128.5万吨、165.2万吨、43288.8万吨减少到2021年的3.7万吨、17.1万吨、77.0万吨、40899.0万吨[①]，减少幅度分别为65.4%、86.7%、53.3%、5.5%。

表5-3 近年来河北省主要污染行业压减产能统计

年份	压减炼钢产能（万吨）	压减煤炭产能（万吨）	压减焦炭产能（万吨）	压减水泥产能（万吨）	压减平板玻璃产能（标箱）
2013—2017	6993.0	4400.0	2442.0	7057.5	7173.0
2018—2020	4033.4	1840.5	1057.4	647.4	2310.0
2021	2171.0	—	—	—	—

注："—"代表数据缺失。

资料来源：《河北省政府工作报告》（2018年、2021年、2022年）。

河北省除大力化解和淘汰钢铁、煤炭、水泥、玻璃产能外，对一些行业污染排放量比较大的生产设备也进行了淘汰。2019年，河北省淘汰了35蒸吨以下的燃煤锅炉，并排查整治"散乱污"企业，实现动态清零。2020年，河北省压减火力发电160.7万千瓦[②]，持续推进锅炉综合整治，再淘汰燃煤锅炉1363台2607蒸吨。2021年，河北省关停高炉38座、转炉27座、焦炉10座。

为巩固环境治理取得的成果，河北省坚决遏制高污染、高排放项目无序发展。根据国家"十四五"规划及其中长期经济发展规划，加强对涉及高污染、高排放项目的节能审查、环境影响评审，严禁不符合污染排放政策的项目立项。河北省目前正在运行的高污染、高排放项目，要明确生产工艺和生产设备改造升级的时间表，并坚决淘汰不能转型升级的高污染高排放项目。

二 提升经济增量中低污染产业比重

通过前文分析，河北省要完成国家和本省制定的主要污染物排放

① 河北省生态环境厅：《2013河北省生态环境状况公报》，2014年5月，《2021河北省生态环境状况公报》，2022年5月，河北省生态环境厅网站，https://hbepb.hebei.gov.cn/hbhjt/sjzx/hjzlzkgb/。

② 《河北省政府工作报告（2021）》，2021年2月19日，河北省人民政府网站，http://dfjr.hebei.gov.cn/content/1004/67.html。

规划量，一方面需要持续压减高污染、高排放产业的产能，另一方面要大力提升低污染产业在经济增量中的比重，如此才能在污染治理强约束条件下实现河北省经济高质量增长的目标。

（一）大力发展战略性新兴产业

国家《战略性新兴产业分类（2018）》规定，战略性新兴产业是围绕国家重大发展需要和重大技术突破形成的新兴产业，其具有知识技术密集、物质资源消耗少的特征，对未来国家经济社会发展能够发挥重大引领带动作用。战略性新兴产业主要包括新一代信息技术产业、高端装备制造产业、新材料产业、生物产业、新能源汽车产业、新能源产业、节能环保产业、数字创意产业、相关服务业九大领域。部分战略性新兴产业与炼钢产业产污系数见表 5-4。

表 5-4　部分战略性新兴产业与炼钢产业产污系数

产品名称	工业废水量	化学需氧量	二氧化硫	氮氧化物
芯片（5 纳米及以上芯片）	1.25 吨/片	75 克/片	10 克/片	20 克/片
太阳电池	1.8 吨/千瓦	220 克/千瓦	0	90 克/千瓦
台式微型计算机	0	0	0	0
热轧大型材	15.5 吨/吨钢	1438.4 克/吨钢	0.002—0.446 千克/吨钢	0.064—0.255 千克/吨钢

资料来源：生态环境部已发布的排放源统计调查制度排（产）污系数清单。

战略性新兴产业与传统产业相比，其污染排放少、成长潜力大、综合效益好。本书选取了战略性新兴产业中的芯片、太阳能电池，台式微型计算机行业和钢铁产业中的热轧型材行业，对其排放的主要污染物和数量进行对比分析。由于计量单位不一致，无法直接对比，本书把不同的计量单位转换成单位价值的排污量，以便进行对比。以工业废水量为例，台积电 5 纳米芯片加工报价为 13400 美元/片（2023

年度)[①]，换算成人民币大约为95542元（以美元人民币汇率为7.13计算），太阳电池价格约为4580/千瓦（百度爱采购数据，2023年10月17日），热轧大型材中的热轧钢带在金投网的交易价格为3970元/吨（2023年10月17日），上述产品1000元价值的工业废水排放量为芯片（5纳米及以上芯片）0.01吨/千元、太阳电池0.4吨/千元，台式微型计算机为0吨/千元、热轧大型材3.9吨/千元，其中，台式微型计算机不排放工业废水、化学需氧量等污染物，仅排放微量的铅尘（见表5-5）。以上数据可以得出如下结论，战略性新兴产业的污染排放量相对于高污染、高排放的传统产业显著降低。因此，大力发展战略性新兴产业，不仅能提高河北省地方生产总值的增长速度，优化产业结构，而且有利于减少污染排放，改善生态环境。

表5-5 部分工业产品每千元工业废水排放量统计

单位：吨/千元

芯片（5纳米及以上芯片）	太阳电池	台式微型计算机	热轧大型材
0.01	0.4	0	3.9

资料来源：笔者依据上述产品交易市场数据和废水排放量数据整理所得。

1. 做大做强具有优势的战略性新兴产业

为了优化产业结构、减少污染排放，河北省一直大力发展战略性新兴产业。自2018年国家颁布战略性新兴产业分类标准以来，河北省开始对战略性新兴产业发展进行统计。2018年，河北省规模以上工业战略性新兴产业增加值比2017年增长10%。2019年的增长率为10.3%，快于规模以上工业4.7%。2020年的增长率为7.8%，快于规模以上工业3.1%。2021年的增长率为12.1%，快于规模以上工业7.2%。2022年，河北省高新技术企业达到12400家，培育国家制造

① 资料来源：激光网，http://www.diodelaser.com.cn/it/20230609/140245.html。台积电晶圆及先进工艺代工价曝光，5纳米报价为13400美元。5纳米芯片价格属于商业机密，目前能够查到的只有台积电的代工价格，由此可以推断5纳米芯片价格一定大幅高于代工价格。

业单项冠军 17 家。[①] 规模以上工业战略性新兴产业增加值的增长率为 8.5%，高于规模以上工业增加值增速 3.0%。其中，生物医药健康产业增长 11.8%、新能源产业增长 0.7%、信息智能产业增长 6.0%、新材料产业增长 9.9%。规模以上服务业中，高技术服务业营业收入增长 5.6%。河北省目前已经在智能制造装备、轨道交通装备、航空航天、高端农机装备、冰雪装备、高端仪器仪表、生物医药七大战略性新兴产业形成了相对完整的产业链，产业支撑能力较强，具备快速发展的优势（见表 5-6）。

表 5-6　河北省重点发展的战略性新兴产业类型与产业发展主要内容

序号	产业类型	产业发展主要内容
1	智能制造装备	• 加快发展柔性触觉传感器、高档数控系统、伺服电机、光栅尺等数控及智能装备关键部件及应用软件 • 加快发展通用智能制造装备，加强减材、等材、增材制造等工业母机以及智能控制装备、智能制造装备等研发，提高数控装备的开放性和联网管理性能 • 加快发展专用制造装备，推进智能包装印刷、先进工程装备、智能办公装备、微小型燃气轮机等产业化
2	轨道交通装备	• 推进混合动力及多源制机车、中低速磁悬浮综合轨道交通系统技术研发及制造能力。加快发展货运动车组、城轨列车和智慧冷链列车等专用轨道交通装备 • 推进轨道交通配套轮轴、传动齿轮箱、减震装置等零部件产业化，发展高铁地面、车载、信号传输网络装备、故障快速维修装备和智能运维系统 • 发展轨道交通用轻量化、高分子材料和复合材料
3	航空航天	• 加快民用航空器产业化，拓展运五 B 改型、海鸥 300 水陆两栖飞机等产业规模，支持发展无人机产业。推进中小型航空关键零部件产业化，发展航空配套产品 • 延伸发展通用航空作业、应急救援、航材支援、航空培训等航空服务业 • 发展航天应用产品，促进空天通信与测控系统、航天用高端材料、微小卫星研制与测试等研发及产业化

① 河北省发展和改革委员会：《河北省战略性新兴产业发展“十四五”规划》，2021 年 11 月 22 日，河北省发展和改革委员会网站，https://hbdrc.hebei.gov.cn/xxgk_2232/fdzdgknr/ghjh/gh/202309/t20230907_87228.html。

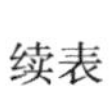
续表

序号	产业类型	产业发展主要内容
4	高端农机装备	• 发展具有精准作业能力的新一代农机装备，重点发展高效联合收获机械、精准施药及施肥机械、种苗繁育加工设备等农机装备 • 大力发展农副产品加工成套装备、高效农田秸秆及残膜清理设备等农业专用装备 • 促进物联网、卫星遥感等信息技术在农业领域融合应用，打造一批现代农机研发和成果转化基地
5	冰雪装备	• 加快造雪机、压雪车等装备和核心部件的国产化，推动冰雪器材、冰雪休闲装备等系列化、高端化发展 • 促进人工智能、数字仿真等技术与冰雪装备产业融合发展，推进冰雪服务软件、智能装备硬件等智能化产品开发 • 加快张家口冰雪运动装备、承德冰雪运动装备等产业园建设
6	高端仪器仪表	• 加大光电测试、电子测量、分析等高端仪器设备的研发，发展机器视觉感知设备、无损检测装置等在线检测设备 • 发展污染监测仪器设备，数字化精密测量跟踪测量仪器、远程智能健康检测系统等专业检测仪器设备 • 提升检验检测仪器设备的灵敏度、精确度、稳定性和可靠性等指标，促进国产仪器设备在相关领域的推广应用
7	生物医药	• 推进具有自主知识产权创新药物的研发及产业化，开发临床需求较大、专利即将到期的首仿药物。大力发展创新原料药，加快合成生物技术等先进技术开发与应用，推进药物高端化、绿色化、智能化改造。加快发展生物药新品种，支持抗体药物、基因工程药物等高端生物技术制品的研发与产业化 • 加速生物技术与人工智能、大数据等信息技术的融合，提高药物设计的研发能力 • 加快中药新品种、天然药物的研发及产业化，发展新型抗肿瘤药物、新型胃肠动力障碍药物等中药创新药物

资料来源：河北省发展改革委资料，《河北省政府工作报告（2023 年）》。

2. 努力实现新兴产业关键技术突破

围绕河北省的支柱产业——钢铁产业，面向重大工程、国防安全、新兴产业和民生保障等需求，努力开发高科技高附加值的新产品。大力发展高性能零部件用钢、轴承用钢、增材制造金属粉体、高纯铁基材料等高附加值的钢铁产品，推动钢铁行业向新兴产业转型升级。在有色金属冶炼等行业，积极发展高端合金材料、高温合金非晶材料和钛合金材料等在深空、深海和深地等领域的应用。依据河北省战略性新兴产业发展规划，加强在人工智能、集成电路、生命健康、

航空航天、高端材料等前沿领域，积极开展基础和应用技术研究。依据河北省战略性新兴产业发展实际，实施一批重大科技专项，在核心基础零部件、核心电子元器件、工业基础软硬件等领域补齐短板。在大数据、新型显示、高效储能、氢能等领域攻克一批“卡脖子”技术，形成一批拥有自主知识产权，完整产业链的新兴产业体系。

（二）提升第三产业的比重

第三产业主要是指商业和服务业，商业和服务业是劳动密集型产业，其中除交通运输业、仓储业需要污染排放较大的车辆和制冷设备外，第三产业的其他行业对燃料、设备的需求量较小，因此污染排放量也很小。郭然和原毅军（2019）对中国2008—2015年服务业和制造业的省级面板数据进行了分析，认为制造业的聚集加剧了环境污染，而服务业的聚集对环境污染有显著的抑制作用。他们对比了中国东部、中部和西部三个区域的环境污染，发现东部省份的制造业集聚对环境污染的作用更显著。[①] 河北省位于中国东部，又是制造业大省，加快第三产业发展对于减少河北省环境污染具有十分重要的意义。河北省环绕京津，依托京津冀城市群，交通便利，发展第三产业的区位优势明显。河北省应充分发挥自身优势，大力发展现代物流业、电子商务、旅游业等第三产业。

1. 加快建设“全国现代商贸物流重要基地”

河北省环绕首都北京，全国各地到北京的公路、铁路，都必须从河北省境内通过，并且京津冀拥有北京首都国际机场、北京大兴国际机场、天津滨海国际机场、石家庄正定国际机场等飞机场，还有唐山港、秦皇岛港、黄骅港、天津港等港口，交通条件十分优越。京津冀又是北方的经济中心，2020年，京津冀人口超过1.1亿人，地区生产总值合计超过8.6万亿元，其中商贸物流业增加值为5705亿元，占地区生产总值的比重为15.8%。全社会消费品零售总额达到1.3万亿

① 郭然、原毅军：《生产性服务业集聚、制造业集聚与环境污染——基于省级面板数据的检验》，《经济科学》2019年第1期。

元，全社会货运量达到24.8亿吨。[①] 繁荣的商业和发达的物流业为河北省建设全国现代商贸物流重要基地奠定了坚实的基础。

为了进一步巩固河北省在全国商贸物流中的优势地位，加快建设“全国现代商贸物流重要基地”，河北省要采取以下措施。一是打造河北省的物流龙头企业。河北省拥有全国规模最大的钢铁产业，同时拥有全国最大的钢铁物流企业。依托河北省钢铁物流企业，组建河北省物流集团，开拓全国大宗商品的物流业务市场。通过河北省物流集团，带动整个河北省物流产业的发展。二是积极承接来自京津的商贸物流业务。以北京市疏解非首都功能为契机，大力吸引全国知名的物流企业总部入驻河北省，支持京东物流、圆通快递、申通快递等大型物流企业在河北省拓展业务。三是积极开展国际物流业务。河北省依托自己便利的铁路、港口和机场条件，响应国家共建“一带一路”的号召，积极开拓国外物流业务。不断延伸石家庄国际陆港的国际线路，增开中欧班列，并积极开拓非洲和拉丁美洲的物流市场。

2. 积极发展电子商务及其新业态

电子商务及其新业态是基于互联网的新型商业运营模式，同时电子商务也是农业、工业与消费者沟通的桥梁：一方面，电子商务把消费者的消费需求和倾向直接传达给农业生产和工业制造经营者；另一方面，农业生产和工业制造经营者依据电子商务订单来组织生产，减少了库存，降低了经营成本。2020年，河北省网上零售额达到2735.8亿元，其中实物商品网上零售额达到2505.3亿元，同比分别增长16.0%和17.8%，大幅高于农业和工业的增长速度。河北省网上零售总额达到全省全社会消费品零售总额的19.7%，电子商务已经成为河北经济新增长点之一。[②]

① 河北省人民政府办公厅：《河北省建设全国现代商贸物流重要基地“十四五”规划》，2021年11月14日，河北省人民政府网站，https://www.hebei.gov.cn/columns/3d33a20b-4271-4b3b-8cae-3664e980d262/202111/14/fbdd4483-4f8b-11ee-beb8-6018954d7f6f.html。

② 《庆祝中国共产党成立100周年河北省经济社会发展成就系列报告之五》，2021年6月22日，河北省统计局网站，http://www.hetj.gov.cn/hetj/ztbd/kfr12/jjzj/101629076775022.html。

为了进一步加快河北省电子商务及其新业态的发展，优化产业结构，促进经济增长方式转变，河北省需要采取以下措施。一是培育一批电子商务发展主体。河北省积极引进一批中国规模较大电子商务企业的大区总部入驻，如阿里巴巴、腾讯、美团等，把河北省打造成上述大型电子商务企业的北方运营中心。同时，积极培育河北省的电子商务龙头企业，积极引导北人集团、信誉楼、保百集团把电子零售业务做大做强，支持君乐宝集团、神威药业、石药集团等工业企业扩大电商平台规模，打造全国知名的电商品牌。二是打造一批电子商务园区和电子商务特色县。利用国家促进电子商务发展的优惠政策，河北省要积极建设一批电子商务园区，形成规模较大的产业集群，争取打造成国家级的电子商务示范基地。依托清河羊绒、平乡自行车、河间线缆等县域特色产业，积极发展线上交易，建成一批全国知名的电子商务特色县。三是积极推动电子商务创新。随着中国5G通信的全面铺开，移动互联网、物联网、人工智能技术快速发展，在住房、交通、社保、医疗、教育等领域，鼓励河北省电子商务企业用新技术创造新业态，支持新型商业模式在河北省落地并发展壮大。

3. 努力发展文旅融合的旅游业

河北省是全国唯一拥有山地、平原、高原、盆地和丘陵五种地形的省份，并且拥有石家庄、邯郸、保定、承德等历史文化和红色文化名城。目前，河北省拥有170家AAAA级以上旅游景区，35个省级以上全域旅游示范区，坐拥得天独厚的旅游资源。

为了进一步提升旅游业在河北省地方生产总值中的比重，应采取以下措施。首先，建设好京津游客周末休闲目的地。针对京津两地的游客，开发适合周末出游的旅游产品，把河北省打造成京津游客的后花园，让“这么近、那么美，周末到河北”深入京津游客的内心。其次，大力提升河北省旅游产品的品质。打造一批AAAAA级景区和高等级旅游度假区，精心培育出一批新的旅游产品，增强游客游览时的体验感，提高游客游览时的互动性。再次，打造旅游餐饮住宿购买一体化的产品集群。例如，在皇家文化旅游景点，推出一批宫廷文化表演、宫廷菜肴、宫廷内住宿体验、皇室用品购买等一系列旅游产品，提升游客消费黏性。最后，打造世界级旅游目的地。错位打造精品旅游景点和旅游产品，与京津协同推出京津冀旅游发展精品路线，共同打造世界级旅游品牌。利用崇礼冬奥会形成的国际知名度和良好的体育设施，加快推进京张体育文化旅游带建设，打造国际知名的冰雪旅游和度假胜地。

此外，河北省还要大力推动现代服务业的发展。随着基于互联网的数字化商务平台、网络化协同平台等新业态的出现，服务业与制造业的结合更紧密，加快发展工业设计、认证服务、成果转化、产品推广等生产性服务新业态。随着基于智能手机、智能家居、智能汽车等新兴产品的逐步普及，大力发展虚拟现实、网络视听、数字娱乐等新型服务业，推动数字政府、智慧社区、在线教育、远程医疗等在线服务业不断壮大，从而提高第三产业在地方生产总值中的比重。

（三）加快产业数字化和数字产业发展

数字经济是继农业经济、工业经济之后的重要经济形态，数字经济依托现代互联网技术，通过产业数字化和数字产业化促进了数字经济的发展。数字经济产业形态主要包括大数据、云计算、物联网、区块链、人工智能等，通过数字技术赋能传统产业，大幅提高传统产业的生产效率，从而推进经济的高质量增长。2022 年，河北省拥有 42 个在用的大型数据中心，52.6 万标准机架，300 万台服务器。张家口市数据中心集群包括阿里、腾讯等 19 个数据中心，拥有 132 万台运行的服务器。京津冀算力网络国家枢纽节点落户张家口市。河北省数字经济规模达 1.5 万亿元，占河北省地方生产总值的比重达到 35.6%，数字经济对经济增长的促进作用不断增强。[①]

1. 提升数字化产业引领能力

第一，发挥雄安新区发展数字化产业的引领带动作用。雄安新区作为“妙不可言，心向往之”理想之城，具有发展数字化产业的天然优势。通过加快建设雄安新区数字经济创新发展试验区，对数字化产

① 方素菊：《加快建设数据驱动、智能融合的数字河北——河北省数字经济规模达 1.51 万亿元》，《河北日报》2023 年 8 月 10 日第 1 版。

业发展的体制机制建设、积极发挥数字要素在经济发展中的重要作用进行先行先试。

第二，利用京津冀协同发展促进数字化产业发展。京津冀协同发展是中国的重大发展战略，为加快京津冀产业融合发展，京津冀建立了很多创新联盟、技术联盟等合作机制，在很多前沿的数字化产业方面实现了信息共享。河北省积极通过各种创新联盟和技术联盟，吸纳北京的人才、数字化产业进驻河北省。

第三，支持河北省数字化产业园区做大做强。推动河北省正定数字经济产业园、鹿泉经济技术开发区、燕郊高新技术产业开发区、固安高新技术开发区等一批有数字化产业基础的园区，完善大数据产业链条，不断扩大产业规模，成为引领河北省数字化产业发展的“先锋队”。

第四，努力实现核心技术突破和重点领域创新。具体包括以下方面：一是加快建设全国一体化算力京津冀枢纽节点，突破高速高可靠性数据采集、处理、分析等核心技术，促进河北省大数据产业快速发展。二是加强射频识别、无线传输、物联网系统、智能控制等关键技术研究，不断拓展物联网技术的应用场景，构建河北省的工业互联网和产业互联网系统。三是通过对高端传感器、通信导航芯片、高频线路等关键技术的研究，实现河北省卫星通信、北斗导航、专用通信射频芯片等现代通信的产业化。四是加快对新型人机交互、智能控制和感知、智慧决策等嵌入式软件的研发，在金融、教育、交通、医疗、政务等领域实现智慧金融、远程教育和医疗、智能交通、电子政务等新业态的发展。五是加快对信息安全防护关键技术的研究，通过信息网络安全技术支撑体系，提升信息和数据的安全度，为网络系统安全提供增值化服务。通过推动大数据、物联网、新一代通信、软件开发、信息安全等产业的发展，构建河北省不断创新、协作发展、绿色安全的数字产业生态。

2. 推动数字化赋能传统产业

在河北省，推动数字化赋能传统产业，需要从以下三个方面入手。一是对传统产业实施智能化改造。在钢铁、石化、煤炭、机械等河北省传统的支柱产业，通过大力推进大数据、云计算、物联网、人工智能等技术在制造业的融合应用，加快智能生产线、智能化车间建设，实现对全生产线、全产品生命周期、全供应链的数字化改造，实现传统产业的提质增效。二是建设河北省工业互联网平台。建设完善河北省企业上云公共服务平台，支撑企业的数字化改造，为企业实现联合研发设计、智能化生产、网络化协同提供技术支持。鼓励中小微企业利用工业互联网平台实现数字化转型。三是加快传统产业与数字化结合的新业态发展。例如，新能源汽车是传统汽车、新能源与数字化结合的新产品，新能源汽车以电动化、智能化和互联网化为特点，大大减轻了驾驶人的劳累，提升了驾驶人的驾驶体验。因此，新能源汽车的市场渗透率快速提高。河北省加快新能源汽车安全电池、高效电机、智能车机系统、智能驾驶等方面的研究，推动数字化赋能传统汽车产业，并使其成长为河北省新的经济增长点。

第六章

国内外环境治理与经济高质量增长协同发展的经验与启示

世界各国经济经过高速发展，均无法避免历经一条“先污染后治理”的道路，中国的先进地区也是这样逐渐探索出一条绿色发展道路的，通过分析不同类型国家、地区与国内城市环境治理与经济发展相互作用的过程，总结各国、地区及中国先进城市快速发展时期实现经济与环境协调发展的经验和教训，为河北省探索环境治理与经济高质量增长协同发展路径提供理论和实践支撑。

第一节　国外环境治理与经济高质量增长协同发展经验剖析

一　发达工业化国家环境治理与经济增长协调发展实践

（一）美国

第二次世界大战结束后，美国经济快速增长，特别是工业和交通得到了迅猛发展，同时出现了严重的环境污染现象，八起令全球震惊的污染事件中，美国就占两起。因此，美国只能在“先污染后治理”的道路上探索经济增长与环境的协调发展。

1. 颁布一系列强有力的法律法规

1970 年，美国环保局（USEPA）正式成立，并建立了一套完善的法律制度。通过美国环境治理的一系列政策，可以看出美国在环境污染控制策略上的主要思路。1955年，美国国会正式颁布了首个联邦大气污染控制法案——《空气污染控制法》，该法主要聚焦于美国的空气污染问题，并为各州的空气污染治理提供了强有力的支持，该法自出台以来就一直受到美国各界的广泛关注。之后，美国接连修订和发布了多项法律法规，包括《空气污染控制法》（1960年）、《机动车空气污染控制法》（1965年）以及《空气质量法》（1967年）等。但是，上述法律未能达到应有的效果，未能有效消除美国的空气污染。为进一步加大解决空气污染问题的力度，美国国会于1970年通过了著名的《清洁空气法》，此后，该法又经过多次修订和完善，其中1977年的修正案加强了对清洁区和没有达标区域的空气污染治理，1990年的修正案解决了1977年修正案存在的问题，再次强调对没有达标区域的监管，以此加强对汽车污染和空气污染物的控制。1980年，美国国会通过了《综合环境反应、补偿和责任法》，旨在明确各方在环境保护方面的责任。2007年，美国国会又通过了一系列重要法律强化环境治理，包括《低碳经济法》《气候安全法》《全球变暖污染控制法》《全球变暖减缓法》《气候责任与创新法》《气候问责法》等，从而为环境治理奠定了比较完善的法律基础。

2. 建立全面的环境经济政策体系

解决美国环境问题的关键不仅在于该国完善的环境保护法律框架，而且在于同时建立了全面的环境经济政策体系，采用市场导向的环境经济策略来治理环境污染，从而明显地提升了环境质量。20世纪70年代中期，直接的环境污染治理手段导致治理成本大幅增加，也致使行政操作程序更复杂，给工业企业带来了日益增长的经济负担。在这种背景下，美国以市场为基础，逐步构建了一套环境政策，将一系列经济手段融入环境治理，特别是在1990年，《清洁空气法》纳入了可交易排放系统。在环境治理过程中，排污权交易、绿色信贷和清洁发展机制等都发挥了重要作用。美国的经验告诉我们，以市场为基础的环境策略不但减少了污染治理过程中所耗费的各种成本，而且污染治理的实际效果得到了明显提升。在这种情况下，建立排放交易系统和完善其他环境经济策略成为美国环境治理的新趋势。美国的环境经济政策主要具有以下特点。一是环境经济政策在环境治理方面发挥了显著的调控作用。美国制定环境经济政策的目的很明确，就是以减少污染为首要目标，在这一过程中，排污权交易、绿色信贷等环境经济策略都有力推动了美国的环境治理工作。二是美国的环境税和环境收费等环境经济政策所征得的资金被集中起来并纳入财政预算，成为环境治理的资金。同时，税收减免政策和差异化税率政策在很大程度上促进了社会资金流向环境保护事业，从而提升了环境品质。三是按照"谁污染谁付费"原则，对排污企业进行分类监管，使企业自觉守法经营。四是税务机关承担了相关税收征收的职责，征收管理的现代化程度很高，很少出现拖欠、逃交或漏交的情况，确保每一项政策都得到了严格和完整的执行。此外，公众高度的环境保护意识也有利于美国环境经济政策的执行。

3. 积极推进绿色经济

在绿色金融领域，依据美国1980年通过的《超级基金法》，企业要按照"谁污染谁治理"的原则，对其造成的环境破坏和污染承担责任。因此，贷款企业可能出现的环境破坏风险是银行和其他金融机构在贷款过程中需要认真考虑并进行评估的，否则将和污染企业一起承担责任。通过这种金融贷款方式，可以有效地让企业在生产过程中提高环保意识，约束其污染行为，从而达到环境保护的目的。在绿色能源领域，美国政府加大了对能源和环境研究的资金支持和整体规划。该政策的主旨是最大化地利用科技优势，扩大新能源的使用，同时降低化石燃料的消耗和碳化物的排放量。为了让绿色发展的知识及技术及时更新，美国政府对资助研究机构，如大学、实验室等高度重视。同时，美国创建了能源前沿研究中心，目的是推动核能技术的进步，并为下一代生物燃料的研发提供资金支持。在绿色保险领域，美国持续进行保险创新促进污染治理，并且在全球处于领先地位。1980年，美国国际集团和埃文斯顿保险公司联合推出了污染责任保险，并规定每次赔偿上限为1000万美元，累计赔偿上限为2000万美元。这个保险主要针对环境损害进行补偿，保护受害者的合法权益，促进经济发展。1982年，美国37家保险公司共同组建了污染责任保险联合会

(PLLA)，它以环境污染责任为中心开展业务，主要包括环境侵权责任保险、环境污染损害赔偿保险、环境事故索赔及赔偿等内容。该组织的核心目标是让所有参与者共同分担保险费用和损失，以此构建一个庞大的资金保障体系，并为其会员企业提供环境污染责任保险服务。在企业方面，它主要通过投保污染责任保险分担污染事故发生后可能造成的经济损失。如果美国的企业因污染给公众造成健康损害或财产损失，除承担赔偿责任外，必须承担污染清理费用，高昂的保险成本对企业具有很大的约束力。

4. 其他方面

美国在绿色汽车、绿色建筑、绿色采购和绿色农业等方面也采取了一系列措施。在绿色汽车领域，为了降低汽车制造行业对成品油的依赖并节约能源，美国特别强调开发低污染的混合动力车辆。在绿色建筑领域，美国十分重视公共建筑的节能改造，对全国政府办公大楼以及全国学校的设施全部进行了节能改造升级。在绿色采购领域，通过制定专门的法律法规约束供应商的非环境友好行为。1991年，美国总统强调政府机构应优先采购绿色产品和可循环使用的产品。随后，美国环境保护局（EPA）于1999年发布了《环境友好型产品采购指南》，政府进一步加强在绿色采购领域的行为规范，并对这种行为规范提供全面的法律支持，该指南最后还附有详细的绿色采购清单。同时，该指南为企业购买和使用符合环保标准的设备提供了税收减免优惠。在绿色农业领域，美国为发展绿色农业和环境保护提供财政支持，推动有机肥料和农药的研究和开发，淘汰不合格的产品，向更安全的农产品过渡，开发抗病虫害和高产的农业品种，逐步减少有害农产品的使用。[①]

（二）日本

第二次世界大战结束之后，日本在20世纪五六十年代经历了速度约10%的经济增长。矿业、冶金、造船以及无机化学工业等基础工

① 中国国际经济交流中心课题组：《中国实施绿色发展的公共政策研究》，中国经济出版社2013年版，第151—180页。

业的蓬勃发展，在很大程度上推动了日本经济的迅猛增长。与此相对应，以煤炭、石油、钢铁为主的重工业也迅速发展。在这个时期，虽然日本物质产品获得了长足的发展，但是严重的环境污染和环境公害事件也随之而来。1960 年之前，煤炭是日本的主要能源，其所占的比重在 40%—50%[①]，这使日本主要的工业城市普遍面临“伦敦型烟雾”问题。[②] 20 世纪 60 年代以后，石油成为日本的主要能源，这种转变虽然使粉尘的排放相应减少，但是高硫石油的燃烧也使大气污染出现了“四日市型烟雾”[③]。从 20 世纪 70 年代开始，“洛杉矶型烟雾”又因大量汽车尾气的排放而形成。[④] 工业的快速增长也导致大量的工业废水和有害物质被直接排放，水污染现象十分严重。其间，日本发生了几起影响较大的水污染事件，例如水俣病（由汞引起的污染）、疼痛病（由镉引起的污染）以及赤潮（造纸产生的废水）等环境公害事件。固体废物因其数量多而难以收集处置，因此成为一个严重的问题。工业品被大量生产、消费和处理，产生了大量的工业和生活垃圾，并对环境造成了严重影响。此外，在农业方面，由于过度使用农药化肥，使农产品中残留了过量的农药、激素等有害物质。频繁出现的环境污染和公害事件引起日本政府的重视，开始实施一系列应对措施进行环境治理。

1. 构建完整的环境保护法律体系

20 世纪 60 年代末期，日本政府开始制定有关污染治理的法律，并逐步公布了一系列环境法规。1966 年，日本厚生省出台了《公害对策基本法》并开始执行；20 世纪 70 年代，厚生省对与公害相关的

① 日本总务省统计局网站数据，https://www. stat. go. jp。

② “伦敦型烟雾”指由煤烟引起大气污染的硫酸烟雾。煤炭燃烧过程中排放大量的烟雾颗粒和二氧化硫，经光化学氧化和颗粒表面反应等作用，成为硫酸盐气溶胶，高浓度的烟雾颗粒和二氧化硫会诱发支气管炎、肺炎、心脏病，危害民众健康。

③ 日本四日市石油冶炼和工业燃油产生的废气严重污染城市空气，其中重金属微粒与二氧化硫形成硫酸烟雾。1961 年，因大气污染而导致的哮喘疾病开始在这一带发生，并迅速蔓延，成为日本有名的环境公害事件。

④ 汽车、工厂等污染源排入大气的碳氢化合物和氮氧化物等一次污染物，在太阳紫外线作用下产生一种具有刺激性的光化学烟雾。因 1943 年在美国洛杉矶首先发生，故又称“洛杉矶型烟雾”。

14项法规进行了修订，包括《关于防止农用土地土壤污染的法律》《水质污浊防治法》《企业负担防止公害事业费法》《关于处罚危害人体健康的公害犯罪的法律》《关于防止海洋污染及海上灾害的法律》《关于废弃物的处理及清扫的法律》等，以便更好地实施和管理。为了强化《大气污染防治法》和《噪声规制法》的治理效果，移除了其中较为温和的“调和条款”等内容。此外，日本制定了一系列关于污染治理的地方性法规。20世纪80年代的中后期，在全球环境问题变得越来越突出的背景下，日本颁布了《环境基本法》，该法是一部综合性的环境保护法典，标志着新的环境法律框架的确立。日本《环境基本法》是一个相对完整的法律体系，包括陆地、海洋、大气等的生态环境保护、污染治理、环境保护费征收、公害和环境纠纷解决等方面的内容，《环境基本法》极大地推动了日本的环境保护工作。

2. 发展环境保护产业

1970年，日本设立了环境保护厅，地方政府也设立了相应的环境保护部门，进行环境管理、执法、研究及检测。由于用于环境保护的资金不断增加，日本环境保护产业应运而生。同时，战后日本工业逐步从采矿、冶金、造船等基础产业向汽车、电器制造、成套设备等高端制造业转型。日本的产业布局逐渐从大城市延展到城市周边甚至远郊地区，构建了以新干线和濑户内陆海岸为中心的新型工业和城市带，形成一个具有日本特色的产业沿海布局模式。日本产业布局的变化和经济增长点的改变对污染的控制起到了重要作用，促进了日本环境质量的提升。在垃圾处理领域，日本不仅积极研究垃圾处理技术，还高度重视垃圾回收利用体系和相关产业的建设。通过对东京等主要城市的深入调查和研究，以及相应的规划和政策支持，日本建立了一个规模相当大且相对完整的产业体系，该体系拥有专业的组织结构、法规、市场和产业主体。为了更高效地处理垃圾，日本采取了一个从减少到收集、运输、处理和再次利用的完整产业链策略。在政府、企业及其他机构多元化经营下，废弃物处理实现了产业规模化，一个相对完善的产业部门也随之形成。垃圾的资源化、产业化不仅解决了城乡的工业垃圾和生活垃圾问题，也部分弥补了日本资源短缺的先天不足。

3. 建设低碳社会

在日本，各级政府都对节能和减少污染物排放给予了极高的关注，日本政府不仅是低碳社会建设的主导者，还积极进行环境保护。20 世纪 90 年代，以减少污染、保护环境、节约资源为实施目标，日本采取了循环经济发展策略。2000 年，日本政府颁布了《建立循环型社会基本法》，制定了发展循环经济及建设循环社会的主要目标。之后，日本发布了《21 世纪环境立国战略》，提出了建设低碳社会的中长期发展目标，即在建设低碳社会的同时，创建与环境保护相协调的宜居城市。同年，日本政府发布了《生态与循环型社会白皮书》，对全球气候变迁给予了高度关注，敦促各级政府尽快制定相关策略应对环境挑战。该报告进一步强调了绿色技术研发和创新的核心地位，并鼓励汽车制造行业进入电动驱动时代，要注重高性能动力电池的研究，对其加大投资力度。在日常生产生活中也要鼓励环境保护新成果、新技术的及时应用。2008 年，日本政府启动了“低碳社会行动计划”，其主要目标是探索如何提高新能源的利用效率，目的是使电力系统成本有所削减，从而降低日本电力的温室气体排放量。日本希望到 2030 年水能、太阳能、风能及地热能等的发电量可以达到总电力消耗的 20%。2009 年，为了补贴节能家电，日本实施了环保点数制度，提出《绿色经济与社会变革》政策思路，让绿色消费成为全社会具有主导趋势的消费观念。此外，政府制定了一系列鼓励节能减排的法律文件。以上措施不仅能为日本带来巨大的经济效益，有效改善国民生活环境，而且有利于实现经济增长方式的转变。

综上所述，发达国家在环境与经济协调发展方面的成功经验主要包括以下几点。一是及时总结经济增长和环境污染变化规律，以此科学制定相关环保法律和政策，并随时作出调整，确保这些法律法规既为环境治理者提供法律支撑，也为污染排放者提供行为规范。二是先进的环境信息、监测和管理系统和完善的环境执法体系使环境执法和环境达标更加切实可行，也为实施绿色发展战略奠定了良好的基础。三是巨额环境保护资金的投入成为改善环境质量的重要保障。经济发展是解决环境问题很重要的一个方面，只有经济的快速增长才能为解决环境问题提供必要的资金支撑。四是采取措施提升公众的环境保护理念。只有公众切实参与到环境决策及其实施的过程中，政府政策才能够最大限度地融合公众的意愿，从而使环境保护工作成为广大公众的主动行为。五是建立完善的环境立法体系，用系统的法律制度保障环境治理的顺利推进。六是在制定各种经济政策和进行各种经济活动时，环境保护应被优先考虑，而不是仅仅关注短期治理。七是环境保护产业的稳定持续成长十分重要，政府必须积极推动并支持。八是发展绿色经济是确保经济与环境和谐共存的重要手段。

二　新兴工业化国家或地区环境治理与经济增长协调发展实践

第二次世界大战以来，许多发展中国家和地区将追求经济的快速增长作为首要目标，韩国以及中国台湾地区等都是经济发展成功的典型。这些国家和地区通过吸引外来资本和增加出口等方式，成功实现了经济快速增长的目标，仅仅几十年的时间里，成功完成了英美等西方发达国家历时百年的工业化进程，人均收入大幅提高，被称为“新兴工业化经济”。然而这些国家和地区在取得经济成功的同时也付出了沉重的代价，如环境污染严重、自然资源匮乏等，从而迫使其通过寻求新的经济增长点来带动本国或本地区经济健康发展。

（一）韩国

20 世纪 60 年代以来，韩国经济增长的速度十分迅猛，尤其是 1961—1994 年，韩国经济年均增长率高达 8.8%。[①] 20 世纪 70 年代，韩国政府仅仅注重经济发展，尤其是工业增长，对环境问题没有给予足够的重视。由于韩国经济增长主要依赖重工业，这种产业结构带来了日益严重的环境问题。为此，韩国从 20 世纪 70 年代末期开始实施环境政策；20 世纪 80 年代，韩国将环境权利作为一项基本人权写入宪法；20 世纪 90 年代，韩国设立了环境部，制定了一系列环境法律法规，并不断进行完善，例如《环境政策基本法》《自然环境保护法》《资源回收与再生法》《环境影响评价法》《环境纠纷处理法》等，多部法律共同构成了一个完整的环境法律框架。经过持续的环境

① 世界银行网站，https://data.worldbank.org/indicator/NY.GDP.MKTP.CD。

治理，韩国的环境问题有了明显改善。

在环境治理方面，韩国借鉴了日本的管理模式、策略以及美国的管理理念和工具，结合本地情况制定了韩国的环境治理策略，并取得了良好的效果。但是，韩国地方的环境治理效果不够理想，韩国于1994年才开始对地方政府进行机构改革，因此环境部和地方政府在环境管理方面相对分裂，合作不够密切，缺乏系统性，导致地方政府在环境治理方面相对滞后。1995年，韩国环境部和国家环境研究所联合制定了一项为期10年的长期规划——《绿色远景21规划（1995—2005）》，该规划的主要目标是把韩国从经济增长的模范国家转变为环境保护的模范国家。从整体上看，韩国环境治理的重要途径就是通过压缩工业化降低环境污染。这表明韩国在经历了几十年的工业化后，逐步建立了环境管理框架，完善了环境治理政策。但是，韩国地方环境治理的滞后以及环保技术的不成熟，也为经济与环境的协调发展带来挑战。

（二）中国台湾

中国台湾的经济发展可以分为四个阶段。1945年之前是传统社会阶段，这时中国台湾还被日本帝国主义占据，经济发展主要依靠农业，整体发展相对缓慢。1945—1952年，战后中国台湾的经济秩序逐步稳定，经济发展得到一定恢复。1953—1973年，中国台湾经济呈现强劲的增长势头，经济结构也发生了显著变化，即由劳动密集型产业占据主导地位转变为石油化工等重工业为主。这种转变虽然提升了中国台湾经济的竞争力，经济获得更快的发展，但也带来了严峻的环境污染问题。迅速恶化的环境让人们意识到经济增长具有一定的副作用，要重新审视未来发展方向，不能单纯追求经济的快速增长。1973年以来，中国台湾的主导产业从资本密集型逐步转变为技术密集型。20世纪80年代，以新竹科学园的成立为标志，中国台湾的经济进入高科技和技术密集型的产业作为主导产业的成熟阶段。

20世纪80年代，虽然经济快速发展为中国台湾居民带来了诸多好处，但是，在环境污染不断加剧的背景下，中国台湾也不得不重视环境问题。1987年，隶属“行政院”“卫生署”的环境保护局被提升为独立的“环境保护署”，具有制定环境政策，对环境进行保护和管理的职能。“环境保护署”在制定政策及具体操作时，力求找到经济发展与环境保护的平衡点，并遵循环境保护优先原则。此后，中国台湾与环境有关的各项政策和法律逐步健全，对环境保护的资金投入也在不断增加。与其他新兴工业化国家或地区相比，中国台湾在环境政策上具有以下特点。一是中国台湾对环保工作更重视，并采取一系列行之有效的政策措施。二是主管机构在环境保护行动中扮演了先锋角色。三是环境政策从关注末端治理向更全面、综合的预防和治理模式转变。四是环境政策工具更加具有长期效应，技术进步和资源分配政策发挥了重要作用。五是传统的行政管理手段被基于市场的激励机制取代，税收和价格杠杆成为环境治理政策的重要工具。尽管中国台湾借鉴了西方环境治理政策，尤其是美国，但在政策深度和广度上仍有差距，尚未达到发达国家或地区的标准。

总体而言，与发达国家相比，新兴工业化国家或地区环境治理制度建立得都比较晚。虽然都是走“先污染后治理”的道路，但是，它们在借鉴发达国家经验的基础上，探索出了符合自己国情或地区实际的环境治理模式，因此取得了较好的成效。上述新兴工业化国家或地区在快速工业化的过程中也有一些共性的特征，例如自然资源相对贫乏、能源利用效率较低、环境污染严重等。为了减轻环境对经济发展的负面影响，它们采取了以下措施。一是在生产方式上选择清洁的生产方法，摒弃传统污染控制技术，从源头减少污染物排放。二是政府或当局制定政策鼓励企业研发、创新和利用清洁生产技术，提高生产效率，促进资源回收和再利用。三是有针对性地采取措施帮助中小企业减少污染物排放，例如中小企业可以集中处理废物，或者鼓励大、中、小企业合作，或者由大企业支援中、小企业采用清洁生产等。四是生产模式由粗放型转向集约型，出口从初级产品和劳动密集型制成品变成知识密集型和技术密集型制成品，更好地满足全球市场对产品质量的需求，从而实现环境与经济协调发展。

第二节　国内环境治理与经济高质量增长协同发展经验剖析

除了国内外的先进国家和地区，中国国内也有不少地区在经济高质量增长和生态环境治理协调推进上取得了良好的成效。本书选取广东省深圳市、江苏省苏州市及四川省成都市探索经济高质量增长与生态环境治理协调推进的实践经验，为河北省实现两者协调发展提供借鉴。

一　深圳市经济高质量增长和环境保护协同推进

改革开放以来，深圳经济特区高速发展，不仅创造了经济增长奇迹，还在经济高质量增长和生态环境保护方面探索了一条可借鉴的“深圳道路”。

（一）树立绿色化理念

深圳市以习近平生态文明思想作为行动指南，坚定践行“绿水青山就是金山银山”的生态理念，在全国率先确立了可持续发展和生态立市的战略方针。深圳市努力探索生态优先和绿色发展的道路，以推动生态环境保护实现跨越式的进步，致力于创建一个人与自然和谐共生的范例。党的十八大以来，深圳市多个市辖区被生态环境部先后授予“国家生态文明示范区”称号。南山区还成功建立了“绿水青山就是金山银山”创新实践基地，成为全国唯一获得“国家生态文明建设示范市”称号的副省级城市。盐田区是国内首个推出“碳币”服务平台的地区，致力于构建“双联通・四驱动”的碳普惠体系。通过低碳行为数据平台与碳交易市场平台的连接，盐田区实现了从低碳行为数据的采集、积分、碳减排量的核证到交易变现的完整闭环。目前，习近平生态文明思想观念已经深入人心，生态文明建设取得了明显成效。

（二）制定符合本地实际的环保制度

制度创新被深圳市视为高质量增长和环境保护协同推进的关键举措。为加强环境保护，深圳市制定了一系列地方环境制度，例如党政领导干部的生态文明建设考核、基本生态控制线等。目前，深圳市制定并发布了 20 多项生态环保法规以及 40 多项地方标准，其中包括特区环保条例、噪声污染条例等。有些制度属于全国范围内的首创，例如，深圳市首次发布并实施了《土壤环境背景值》地方标准，为科学管理集中饮用水源地、自然保护区及建设用地土壤环境提供了政策依据；在坚守精确、科学和依法治理污染的原则下，为控制污染物流入海洋的总量，深圳市提出了“从西部削减到东部控制”的总氮入海控制策略，目的是利用海洋的环境容量阈值迫使陆地进入海洋的污染物总量得到控制；为实现对入海排口进行常态化管理的目标，推出了“排口巡查”软件平台，建立了入海排口“巡查—监测—溯源—整治”完整的监管闭环。完善具有深圳特色的环境保护制度体系，有力促进了深圳生态环境质量的提升。

（三）实施一系列精准化行动

在环境治理的过程中，深圳市采取的精准行动提高了治理效率和效果。一是实施了一系列生态环境专项执法行动。例如，深圳市制定了《茅洲河和淡水河流域打击非法排污“百日行动方案”》《深圳市茅洲河流域联合打击环境污染犯罪执法行动方案》，运用溯源追踪、区域联动等多样化的执法策略，对环境违法行为进行了高效精准的打击。二是强化环境日常监测和管理。为持续改善大气质量，对全市的空气质量进行深入的观测，并及时预警；为减少水污染，在全市 310 条河流的 402 个特定位置执行了“一周一测”的巡查活动；加强城市面源污染防控工作，建立污染源数据库并实行动态管理。三是对自然保护区实施了“绿盾”专项行动，完善自然保护区体系建设，通过卫星遥感对全市自然保护区内的人为活动进行全面监测。

（四）搭建数字化平台

信息技术被深圳市视为高质量增长和环境保护协同推进的有力工具。深圳市利用广东省“数字政府”综合改革试点的机会，持续提升城市的智能化管理服务水平，推动环境治理从基于经验向基于科学转型。在此基础上，依托数字化手段提升全市环境质量监测、预警和预报水平。以数据资源的共建、共享和共用作为突破点，通过建立“一中心”（生态环境大数据中心）和“四平台”（智慧政务平台、智慧监管平台、智慧服务平台和智慧应用平台），初步构建了深圳市生态环境智能管控体系，成功地整合、管理、分析和应用了生态环境的数据，并实现了全市环境治理的统一指挥和调度。通过生态环境大数据中心及智慧平台与市政府管理服务指挥中心的对接，建立了基于云计算的生态环境大数据分析处理及可视化展示系统，形成了“一网统管”的生态环境治理局面，实现了“一屏观全局、一网管全域”的目标。深圳市利用生态环境大数据技术，为提高生态环境治理体系和治理能力的现代化水平找到了一条技术创新路径。

二 苏州市通过发展动能转换促进环境保护

在工业化、城市化和国际化的发展过程中，苏州市将经济高质量增长与高水平生态环境建设同步推进，以此实现“经济强”与“环境美”的融合。苏州市地表水资源丰富，拥有384个面积超过50亩的湖泊、2万多条大小河流及占城市总面积42.5%的水域。[①] 因此，苏州在水生态治理方面充分展现了绿色发展的理念。

（一）通过布局新产业降低污染排放

苏州市张家港的东沙化工园始建于1993年，曾是当地税收的主要来源。但是，东沙化工园产业水平较低，工业污水排放量很大，且存在很大的安全风险。苏州市通过发展动能转换策略，关闭了东沙化工园，一次性释放了3000亩的土地，并对其进行重新规划，建设了一个年产值超越200亿元的新型产业园区，主要布局新材料、新装备和新能源等低污染产业，最终创建了一个生产与生态和谐发展的新园区。“铁黄沙”位于苏州市常熟的长江岸边，因其地理位置的优势，曾被视为一个天然的深水港建设点，地方政府曾将“铁黄沙”规划为一个物流中心。但是，随着长江经济带“共抓大保护 不搞大开发”理念的提出，苏州将“铁黄沙”建成了一个生态绿洲，拥有超过7000亩自然生长的植物群落。[②] 岛内不仅有长江鱼类的繁殖和洄游通

---

① 苏州市统计局：《自然地理和资源》，2016年4月30日，苏州市人民政府网站，https://www.suzhou.gov.cn/szsrmzf/2016szsqsl/201912/c49ee14b0c804af1bdefd92bb5644446.shtml。

② 江苏省科学技术厅：《长江岸线生态修复守住“家底”，为发展“留白”》，2022年2月28日，江苏省科学技术厅网站，http://kxjst.jiangsu.gov.cn/art/2020/3/5/art_83499_10015685.html。

道，还有人为隔离的候鸟保护区。目前，“铁黄沙”生态岛与万亩螺蛳湾的芦苇湿地紧密相连，已经成为苏州的绿色生态屏障，吸引着越来越多的游客前来观光游览，生态旅游业得到了迅速发展。

（二）发展绿色经济

位于苏州市的太湖是典型的生态敏感区。吴中区的东山镇处于太湖中部的一个半岛地带，拥有 60 千米的太湖岸线，肩负着维护太湖生态平衡的重大责任。2019 年，为了发展绿色农业和生态旅游，苏州市制定了《苏州生态涵养发展实验区规划》，规划范围覆盖了包括东山镇在内的 285 平方千米的水域和陆地区域。按照规划要求，东山镇启动了 1900 多亩的太湖西茭咀滩涂整治项目，拆除了 1.58 万亩的太湖围网，对 3.3 万亩的传统养殖池塘进行了退养改造。上述项目不仅推动了绿色农产品的发展，还促进了绿色旅游经济的兴起，吸引了大量的游客前来参观，旅游综合收入达到 59.6 亿元，顺利实现了产业转型和升级。[①] 同年，东山镇被授予“全国商旅文产业发展示范镇”的荣誉称号”。为了进一步推进绿色经济发展，苏州市探索建立了“绿色 GDP”评估机制，该机制增加了生态涵养、环境质量、绿色发展和民众生活质量等指标的占比。当前，在环太湖区域，苏州生态涵养发展试验区的建设按照规划稳步推进，经济发展动能快速转换，努力实现经济高质量增长与高水平生态环境同步推进的目标。

三　成都市通过产业转型升级减少环境污染

2017 年以来，成都市采取了一系列措施来改善环境质量，包括严厉打击环境污染行为和实施大规模的环境工程。这些行动涉及减少煤炭使用、减少污染物排放、限制汽车使用、清洁降尘、加强执法力度以及采用先进科技治理污染等，以此不断改善环境质量，促进经济发展质量和效益稳步提升。

（一）大力推动产业转型升级

成都市在经济发展中统筹社会生活、经济增长和环保要求，努力

① 苏州市吴中区人民政府：《关于提升东山退养池塘农业经济效益的建议》，2022 年 4 月 29 日，苏州市吴中区人民政府网站，http://www.szwz.gov.cn/szwz/qrddbjy/202211/46d47882ac0146d58d192b3767a4da94.shtml。

探索一条优化产业结构、减少资源消耗、降低环境污染、提升质量效益的可持续发展道路。一方面，成都市实施了“5+5+1”现代化产业体系改革攻坚计划，推动传统重点行业实现绿色化发展，打造绿色发展标杆企业。对砖瓦窑、铸造、钢铁、水泥等7个重要行业进行绿色化发展绩效考核。在水泥、平板玻璃、电子信息和生物医药等行业，完善绿色发展制度，树立多家绿色生产示范企业，以推动全市重点行业向绿色发展方向转型。另一方面，积极推动新能源汽车产业发展，作为成都市新的经济增长点。《成都市“十四五”能源发展规划》明确提出，“十四五”时期成都市要大力发展新能源汽车配套基础设施，到2025年，全市将建设充电桩16万个、充（换）电站3000座，规划建设加氢站40座，新能源汽车保有量达到60万辆。推广公共交通中新能源公交车和出租车的使用，持续提升公交、出租等车辆中纯电动汽车比例。[①] 目前，成都市已经被列入国家新能源汽车推广示范应用城市名单，新能源汽车产业已经呈现迅速发展的态势。

（二）强化污染源头治理

通过对污染物来源进行解析，成都市发现燃煤和汽车尾气是环境污染的重要来源，基于此，成都市制定了针对燃煤和汽车进行精准治理的系列举措。成都市按照“以清洁能源替代部分燃煤、进行技术改造减少一部分煤炭使用、淘汰并停止运营一批落后设备”的原则，严格控制煤炭消耗总量。成都市大力推动燃煤锅炉的综合整治，淘汰或改造大蒸吨燃煤锅炉，关闭部分砖瓦窑企业。同时，大力推进国电成都金堂发电有限公司等6家企业的减煤技术改造项目，从而大幅减少二氧化硫、氮氧化物等大气污染物的排放量，并安排专项资金推动煤改气（电）项目的进展。上述措施旨在保证企业经济利益的稳定增长的同时，稳步改善环境质量。为了解决汽车尾气污染问题日益严重的情况，成都市加强了对机动车排放的监管，建设了“黑烟车”智能监控抓拍系统，加强对“黑烟车”的监测和抓拍，同时，选择一些

① 成都市发展和改革委员会：《成都市“十四五”能源发展规划》，2022年5月，成都市发展和改革委员会网站，http://cddrc.chengdu.gov.cn/cdfgw/c147315/2022-06/16/7fded274131f4782b02571597657f516/files/acf68d5769b548619639efe5aaecf58b.pdf。

“用车大户”企业来作为重点监管的试点。此外，成都市建立了环境污染联合监管机制，以提高环境治理效率。

（三）创新环境治理手段

成都市依托“互联网+”搭建大数据平台，整合环保、农业、税务、工信、执法等部门的数据，实现行业信息的畅通传递，建立动态管理清单，强化对固定污染源的监管。成都市建立了环境监测大数据平台，形成环境质量监测网络和污染源监测网络，实现了“现状—调查—决策—执行—评价”五个关键环节构成的完整闭环管理，有效地开展了环境治理。国家大气污染防治联合攻关中心成都分中心与清华大学、中国科学院等知名高校和权威机构加强合作，对成都市环境污染源进行了科学的解析，并对环境治理手段进行了深入研究，该中心的研究成果使成都市环境污染防控的针对性得到了大幅提升。

（四）努力淘汰落后产能

在经济高质量增长的背景下，成都市加快构建现代产业体系，按照“依法关闭一批、整改规范一批、调迁入园一批”的原则，对铸造、化工、砖瓦窑等重点污染行业加强环保标准的约束力度。同时，安排专项资金，推动71家企业关停或淘汰了部分生产线和落后产能，促使产业转型升级。2017年以来，通过强化对“散乱污”企业的治理，共有14148家企业被清理整治。[①] 通过不懈努力，成都市环境质量呈现出改善的趋势。2019年，空气质量达到了国家新评价新标准以来的历史最好水平。同时，成都市经济呈现持续的高速增长态势，地方生产总值达到了1.7万亿元，在全国主要城市经济总量排名中名列前茅。[②] 这表明成都市已经实现了经济高质量增长和环境污染治理的统筹推进。

---

① 中华人民共和国生态环境部：《大气污染治理助推经济高质量发展——四川省成都市大气污染治理典型案例》，2021年1月30日，中华人民共和国生态环境部网站，https://www.mee.gov.cn/ywgz/zysthjbhdc/dczg/202101/t20210130_819548.shtml。

② 四川省人民政府：《2019年四川省国民经济和社会发展统计公报》，2020年3月25日，四川省人民政府网站，https://www.sc.gov.cn/10462/c105630/2020/3/25/91984c54465b460fb4081c9a40d5a373.shtml。

第三节　国内外环境治理与经济高质量增长协同发展的启示

高质量增长不仅符合公众根本利益，也是经济社会持续健康发展的重要保障。当前，中国自然资源和环境承载力压力过大，选择绿色经济增长道路是人与自然和谐共生的关键。部分发达工业化国家、新型工业化国家和地区及中国部分先进城市在环境与经济协调发展的实践中总结了一些成功做法，例如以完善的法律保障环境治理效果、以绿色发展政策工具引导企业主动减排、加强统筹规划与重点治理相结合、提高全社会环境保护的意识等，为河北省在环境治理条件下实现经济高质量增长提供了借鉴。

一　以完善的法律保障环境治理效果

众多国家和地区的实践经验表明，环境与经济协调发展需要以坚实的法律基础作为支撑，因此要对相关法律制度和执法机制进行完善。如果缺乏一套完整而科学的法制体系，不重视对环境保护制度的建设和执法监管，市场主体就难以主动产生绿色发展的动力。推动市场主体绿色发展，需要一套健全的法律制度以及严格的执法和监管机制，同时，确保执法和监督的规范性、公正性和有效性。

为了保证将精准执法、科学执法、规范执法理念贯穿环境治理全过程。一是要加强执法人员队伍建设。针对执法人员业务能力短板，结合岗位职责要求，加强理论知识和业务技能培训，通过不断总结现场执法经验，提高业务能力。二是要强化执法帮扶。执法队伍要做好对企业的环境法律知识宣传和以案释法工作，督促其从思想上高度重视，并通过严格执法促进企业转型升级，推动经济高质量增长。三是要利用互联网提高执法效能。推动建立以污染源自动监控为核心的远程监管体系，实现对企业“无事不扰，又无时不在”的监管模式，提供优质执法服务。

二　以绿色发展引导企业主动减排

目前，国际上用于环境保护的主要经济政策工具有环境税、排放交易、绿色金融、各种补贴等，其主要目的是通过各种激励措施，引导企业主动采取措施减少污染排放。环境税用于抑制采矿、工业生产等污染的排放，其目的是让那些污染物排放者补偿其对全社会造成的环境成本，以此来遏制其排放行为。环境税通常会被纳入各级政府预算，主要用于污染治理。补贴是政府为了实现节能减排目标，在税收优惠政策基础上制定的一种优惠措施。政府通过免税、贴息或专项资金等方式，对保护环境的企业及其产品的生产和消费进行补贴。例如，为了鼓励企业使用清洁能源，美国政府给予利用清洁能源电力的企业少缴或免缴所得税的待遇，并且免税期长达 10 年。[①] 排放交易是政府把污染排放配额分配给各企业后，允许它们在特定市场进行交易，通过价格机制调控企业的污染排放行为。排放交易机制不仅能控制污染排放总量，还能优化污染排放配额分配。绿色金融主要通过信贷手段支持绿色产业发展，通过承担连带责任的方式制约金融机构，为污染排放企业提供资金支持。

最大限度地利用市场机制和经济政策工具是推动经济绿色发展的主要驱动力之一，因此，在环境治理的过程中，必须依据本地污染排放和产业发展的实际情况，不断深化改革，完善市场机制，进行经济政策创新，建立科学的环境治理激励机制，加大奖惩力度，引导企业主动节能减排。

三　统筹规划与重点治理相结合

分析先进国家和地区绿色发展的历程可以发现，它们都进行了顶层设计。绿色发展覆盖了多个领域，这些领域需要紧密合作，只有在顶层进行统一规划，才能实现整体布局和关键领域的协同发展。

在环境治理与经济高质量增长协同推进的过程中，在科学制定整体规划时，要对所有相关利益方给予足够的关注和激励，要在各地区、企业、监管机构和公众间建立和维护健康的协作关系。政府应该在环境政策制定过程中充分考虑到不同区域的差异，各利益主体间不

---

① 杨宜勇等：《绿色发展的国际先进经验及其对中国的启示》，《新疆师范大学学报》（哲学社会科学版）2017 年第 2 期。

同的利益诉求等问题，并将其作为顶层设计重点考虑的因素。同时，建立环境治理不同主体间的沟通机制，并通过合适的方法和途径，确保环境治理各项信息的公开和透明，从而减少环境治理过程中的利益冲突，有利于整体规划的稳步推进。由于不同地区在社会背景、经济发展阶段、产业结构和技术积累上的差异，应依据自身情况选择不同的环境治理策略。例如，美国通过支持新能源技术的研发和使用减少污染排放，日本努力通过发展循环经济和节能经济实现节能减排。因此，在推动经济高质量增长和环境治理协同推进的过程中，必须明确重点突破的领域，以点带面推进环境污染的预防和治理。

四　用大数据赋能环境治理

随着环境问题日益严重，单纯依靠人力监测、管控、治理环境问题已经不能满足城市生态文明建设的需要。因此，通过积极研究和应用生态环境大数据，助力污染治理和促进生态环境质量改善，将有力推进生态环境治理体系和治理能力的现代化进程。用大数据赋能环境治理，必须具备以下条件。一是建立一个统一的生态环境监测系统。二是打破政府间的数据壁垒，实现生态环境信息共享。三是拥有雄厚的数字化技术和专业设备。基于此，在环境治理的过程中，首先，要做好生态环境大数据系统的顶层设计；其次，政府要加快实现跨层级、跨区域、跨机构、跨部门、跨业务的行政合作与服务，建立统一的环境治理数据库；再次，要增加对环境大数据系统建设的资金支持，构建环境综合管理的软件和硬件平台，加快政策与技术、数据的有机结合；最后，要利用大数据提高环境治理的决策水平和综合管理水平。利用现代数字技术，促进环境治理从粗放式管理向细节式管理转变，从传统的人为例行检查向适时监测转变，从事后应对和修复向事前预测和预防转变，从而大幅提高环境治理的科学性和有效性。

五　以碳普惠制促进低碳经济发展

煤炭、石油、天然气等传统能源在燃烧的过程中，一方面会排放大量的二氧化硫、一氧化碳、烟尘等污染物，另一方面会产生大量的温室气体——二氧化碳。当前，大量温室气体排放导致全球生态系统面临气温异常升高的威胁，因此，低碳经济也是高质量增长的必然要求。碳普惠制是在现行碳排放交易制度基础上的创新与拓展，是对全社会节能减碳行为给予一定价值的激励机制。碳普惠制对社会公众和小微企业等节能降碳或其他环保活动所减少的碳排放量进行评估，通过经济奖励或消费刺激等手段，给予相应的回报，从而激发全社会对节能和减碳的热情。例如，韩国光州市政府实施辖区碳银行制度，碳银行会将民众家庭生活中水电气节约的数量换算成积分存入绿色碳卡，民众可以运用碳卡中的积分减免水电气或其他商品费用。推进碳普惠制，不仅有利于应对气候变化和促进低碳经济发展，而且有利于在全社会树立绿色、环保等消费观念与生活理念。

完善和推广碳普惠制要求：一是构建一个完整的碳普惠制度体系，包括低碳出行、低碳旅游、低碳社区以及垃圾分类等领域。二是建立碳普惠制核证减排量（Certified Emission Reduction，CER）交易机制，该机制以碳普惠核证减排量作为交易目标。三是构建碳普惠制激励机制，加强对实施碳普惠制地区的资金支持，持续为低碳行为提供更多的奖励方式。

六　鼓励公众积极参与环境治理

社会公众不仅是绿色经济和绿色消费的主要参与者，也是社会监督的核心力量。为充分发挥社会公众在环境治理中的作用，首先，需要建立全面的生态文明教育体系，将生态文明教育贯穿每个公民的生命周期，引导其树立保护生态环境的意识，了解个人在生态环境保护上的责任和义务；其次，要建立有效激励公民积极参与环境治理的平台，公开环境保护信息，鼓励公民参与社会监督活动；再次，充分利用绿色发展专业机构和非政府组织，提供环境保护咨询、宣传和服务，增加公众在生态环境保护和绿色消费方面的参与渠道；最后，政府应将公众纳入绿色发展和环境治理监督框架，并通过一系列措施让公众在保护环境中受益。

第七章

构建满足环境治理目标的经济高质量增长的政策体系

在剖析河北省污染物来源、污染治理机制、环境治理与经济高质量增长协同推进最优路径的基础上，借鉴环境治理与经济增长协同推进先进国家、地区以及部分国内城市的成功经验，构建河北省在环境治理约束条件下经济高质量增长的政策体系。

第一节　建立环境治理和经济高质量增长的协调机制

污染治理与经济高质量增长既有相互促进的一面，也有相互矛盾的一面。因此，避免两者在发展中相互掣肘、把握两者在经济发展方面相辅相成的共同点，是实现污染治理与经济高质量增长协同推进的关键举措。

一　完善经济绿色转型推进机制

绿色经济是一种资源节约型和环境友好型的经济形态。能源消耗少、污染排放量低、资源循环利用是绿色经济的内在要求。乔平平通过对 2012—2021 年中国 30 个省级面板数据的分析，认为环境治理政策与绿色经济发展呈正相关关系。[①] 刘浩然重点分析了京津冀地区绿色经济的发展，认为虽然环境治理有助于绿色经济的发展，但是产业结构调整和科技创新对绿色经济的发展作用更大。[②] 依据文献研究，几乎所有学者都认同：对污染排放量较大的地区，绿色经济的发展有利于改善当地的生态环境。因此，大力发展绿色经济，不但有利于节能减排，而且有助于经济高质量增长。

（一）制定绿色经济发展规划

发展绿色经济是高质量增长的实现途径之一。为推动绿色经济发展，政府必须制定河北省绿色经济发展规划和行动方案，明确河北省绿色经济的发展目标、发展原则、具体路径和保障措施，为经济绿色转型和高质量增长提供指导和支持。例如，在河北省煤炭、钢铁、电力、水泥、玻璃等传统产业中，其生产过程需要大量的原料运进与成品运出。目前，公路运输在上述行业的物流中占比较大，河北省公路运输占货运总量的比重高于全国13.4%。[③] 公路运输的氮氧化物、二氧化硫和灰尘排放量较大，因此，对上述行业物流进行“公路转铁路”改造势在必行，政府亟须制定专门的行动方案。

（二）建立促进绿色经济发展的相关机构

绿色经济发展涉及经济、科技和环保等部门，需要综合规划和统筹协调。因此，有必要建立跨部门、跨领域的河北省绿色经济领导小组或河北省绿色经济发展推进委员会，促进各部门的协同配合，实现绿色经济发展政策的一致性和协调性，从而形成合力，有力推动绿色经济发展。

（三）完善绿色经济的创新和研发机制

众多学者通过分析绿色经济发展的影响因素，均认为加强绿色技

---

① 乔平平：《环境规制、外商直接投资与绿色经济高质量发展》，《技术经济与管理研究》2023年第9期。

② 刘浩然：《京津冀地区绿色经济效率测度及影响因素研究——基于超效率SBM和Tobit模型的分析》，《生态经济》2023年第4期。

③ 河北省人民政府：《河北省生态环境保护“十四五”规划》，2022年1月12日，河北省人民政府网站，https://www.hebei.gov.cn/columns/b1b59c8c-81a3-4cf2-b876-8618919c0049/202308/14/f672ea8d-f380-4b73-9c60-f1474221ff44.html。

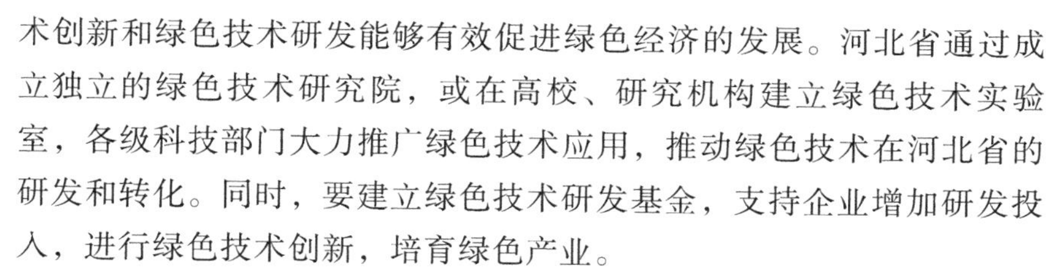

术创新和绿色技术研发能够有效促进绿色经济的发展。河北省通过成立独立的绿色技术研究院，或在高校、研究机构建立绿色技术实验室，各级科技部门大力推广绿色技术应用，推动绿色技术在河北省的研发和转化。同时，要建立绿色技术研发基金，支持企业增加研发投入，进行绿色技术创新，培育绿色产业。

（四）构建完善的绿色经济发展激励机制

技术创新一般具有很大的不确定性，因此，绿色技术创新风险很大。为了鼓励市场主体增加对绿色技术创新的投入，政府应建立完善的绿色经济发展激励机制。对于绿色技术创新和研发，政府财政部门积极给予相应的补贴，用以降低市场主体研发投入失败的风险。支持金融机构为市场主体提供专门的绿色金融产品和服务，从而为市场主体向绿色经济转型提供金融支持。

（五）建立优化能源消费结构的促进机制

2022 年，在河北省的能源消费结构中，火力发电装机容量为 5163.4 万千瓦，占河北省发电装机总容量的 42%；火力发电的发电量为 2181.6 亿千瓦时，占河北省总发电量的 65.4%。[①] 由此可以看出，火力发电依然在河北省的能源消费结构中占主体地位。因此，大力发展可再生能源，使其成为河北省能源消费的主体，是调整和优化河北省能源消费结构的必然要求。河北省要积极利用国家对于可再生能源的支持政策，大力发展风力发电、太阳能光伏发电、氢能等新能源，加快与新能源相配套的抽水蓄能电站建设。同时，严格控制煤炭消费，加大对小型燃煤锅炉的清退力度，并且通过煤电机组节煤降耗、清洁高效利用，以及减少以煤炭为燃料的燃煤热风炉、加热炉、干燥炉窑等生产设备的煤炭使用量等措施，推动企业进行气代煤或电代煤，努力降低煤炭消耗所导致的污染排放，构建多元稳定的能源消费结构。

二　健全发展动能转换机制

党的十八大以来，河北省的产业结构不断优化，但是，第二产业

---

① 河北省能源局等：《河北省可再生能源发展报告（2022）》，2023 年 7 月 20 日，中国能源新闻网，https://www.cpnn.com.cn/news/baogao2023/202307/t20230720_1619555.html。

作为河北省发展动能主体的地位没有改变。2012年，河北省三次产业的比重为12.6：47.3：40.1，到2022年，三次产业比重变为10.4：40.2：49.4。[①] 第二产业的比重由47.3%下降为40.2%，第三产业由40.1%上升为49.4%，与全国三次产业结构（7.3：39.9：52.8）相比，河北省第三产业的发展明显落后于全国平均水平。从经济发展阶段上看，河北省依然处于工业化的中后期，主要发展动能依然来自第二产业。提升第三产业在产业结构中的比重，尽快进入后工业化阶段，把相对低污染、低排放的第三产业作为经济发展的首要动能是河北省经济高质量增长的必然趋势。

（一）健全动能转换的政府引导机制

程聪慧和王家璇通过构建新旧动能转换指标评价体系，对中国280个地级市2008—2018年的相关数据进行分析，发现在新旧动能转换过程中，政府引导基金发挥了十分明显的促进作用，并且政府引导基金发挥的作用具有可持续性。[②] 基于此，河北省首先建立发展动能转换引导基金。由政府的引导基金引领，吸引银行、信托、风投基金、民间资本等跟进投资新产业，尤其是加大投资战略性新兴产业和现代服务业，实现有为政府和有效市场的完美结合。张良贵等经过研究认为，产业结构高级化能够明显促进动能转换，而相关的产业政策、制度和规划是促进产业结构高级化的动力和保障。[③] 目前，河北省制定了一系列推动产业结构高级化的政策和制度，以保障“产业转型升级试验区”的建设进程。但是，进一步加快河北省发展动能转换，需要力度更大的产业升级转型和技术创新补贴，以及对创新创业人才的奖励等激励措施，这样才能推动产业不断向专业化和高端化延伸。

---

① 河北省统计局：《河北统计年鉴（2023）》，2024年1月30日，河北省统计局网站，http://tjj.hebei.gov.cn/hetj/tjnj/2023/zk/indexch.htm。

② 程聪慧、王家璇：《政府引导基金对新旧动能转换的影响机制研究》，《财经论丛》2023年第5期。

③ 张良贵等：《制度质量视角下数字经济促进动能转换的机制效应检验——以山东新旧动能转换综合试验区为例》，《软科学》2024年第4期。

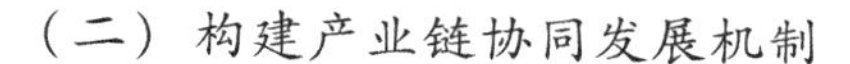

（二）构建产业链协同发展机制

第三产业和第二产业存在密切的关系，尤其是生产性服务业，它是工业生产链条的延伸。工业对服务业有提供新服务和新创意的需求，服务业对工业有提供新产品、新业态的需求。河北省是一个工业大省，在产品的研发、设计、生产、营销和售后等环节都需要服务业给予支持。河北省作为“产业转型升级试验区”，对生产性服务业的需求更迫切。通过对基础研发、实验室建设、创新创业基地的支持促进第二产业产品研发水平的提升。通过大力扶持各种类型的工业设计公司、产品创新创意公司，提升河北省第二产业产品的设计水平。建立各种专利交易市场、技术交易市场，并扶持各种科技中介公司，为第二产业改进生产工艺提供其所需要的技术和专利。通过与各种大型销售企业、网上销售平台、直播平台建立合作关系，拓展河北省产品营销方式和销售渠道。通过建立企业语音服务中心、产品售后中心等，为河北省产品、国内产品，乃至世界知名产品提供高质量的售后服务。通过建立产业协同发展机制，实现工业和服务业的联动发展。

（三）完善营商环境与发展动能转换协同建设机制

以传统产业为支柱产业的产业结构对营商环境的要求相对较低。在河北省发展动能转换的过程中，战略性新兴产业和现代服务业迅猛发展，各种新业态不断涌现。更高级的产业结构需要更好的营商环境的支持，这就要求政府部门的工作人员必须不断学习，掌握更多的专业技术知识，从而更好地为后工业化时期的经济形态服务。焦勇等通过对中国274个地级以上城市的数据分析，认为营商环境的改善对于新旧动能转换具有比较明显的正向作用。[①] 因此，河北省要大力发展动能转换所需要的高品质基础设施，不断深化“放管服”改革，提供更周到全面的公共服务，营造良好的商业环境，降低企业经营的外部成本，提高市场主体的竞争力，从而吸引更多的优质投资，通过营商环境改善和发展动能转换的协同推进，促进河北省经济高质量增长。

① 焦勇等：《产业结构变迁如何影响新旧动能转换？——基于营商环境和数字经济环境的机制分析》，《经济与管理评论》2023年第5期。

三　完善城乡污染综合治理政策

一般来说，工业和服务业主要集中在城镇，农业、矿业和农产品加工业等主要分布在乡村，还有一些工业园或产业园布局在城乡接合部。由于城乡产业的不同，城乡污染排放的类型也有差异。二氧化碳、二氧化硫、氮氧化物、工业粉尘等污染物主要来自工业排放，因此城市的空气污染相对严重。由于化学需氧量、氨氮、总氮、总磷等污染物农业生产排放量较大，乡村地区的水污染比较严重。而第三产业中物流业的公路运输来往于城乡之间，其二氧化硫、氮氧化物等污染物排放量较大。良好的生态环境是政府提供的一种重要公共产品，也是城乡居民共同享有的福祉。统筹城乡污染综合治理，一方面，应针对城乡不同特点制定不同的治理政策和法规；另一方面，城乡污染治理的目标是一致的，污染治理的力度也是一致的，不能城乡区别对待。

（一）统筹城乡污染治理目标

虽然城乡污染排放类型有差异，但是城乡人民对良好生态环境的追求是一致的，因此，应依据国家污染物排放政策标准，制定统一的城乡污染排放控制目标。在制定污染排放控制目标后，明确城乡污染排放主体的责任和义务，按照“谁污染谁治理”的原则，把污染排放治理任务分解到责任主体，规范其污染排放行为，促使其减少对环境的污染。

（二）采用多元化治理方式

在经济上，以“绿水青山就是金山银山”理论为指导思想，在河北省乡村大力发展生态农业、生态旅游、生态矿业和绿色农产品加工业，推动化肥、农药使用量保持零增长，进一步提升畜禽粪污利用率，减少对土壤、河流、湖泊等自然环境的破坏。在城镇大力发展循环经济，矿业、农产品加工业等要不断转型升级，利用先进生产设备和生产工艺，积极采用环保科技，减少资源和能源消耗，降低污染排放水平。第三产业相对第二产业污染排放量较小，而且第三产业主要分布在城镇，大力提升第三产业的比重是减少城镇污染的主要途径之一。

在法治上，不断健全乡村污染治理的法律法规，强化农业生产面源的污染治理，规定农业生产中农药、农膜等的使用类型和标准，明确农民、牧民在农业生产中必须履行的环保义务。依据制度经济学强制性变迁理论，继续强化限制城镇工业污染排放的政策法规，不断完善环境税费征收立法，增加企业污染排放成本，倒逼其转型升级，或者采用绿色生产工艺，或者转型发展战略性新兴产业。

在社会上，加强对环境保护的宣传教育，大力弘扬保护生态环境的风尚，提高社会公众的环境保护意识。鼓励社会公众利用网络和社交媒体，加强对市场主体环境保护社会责任的监督。在重大的环境决策中，利用听证会等形式征求专家和社会公众的意见，提高环境政策和法规的科学性。

（三）加强城乡重点领域污染治理

实施工业、农业和服务业污染减排协同控制，加强城市和乡村重点领域污染同步治理。在城镇全面推进绿色规划，推动低碳城市、“绿色城市”建设。开展城市黑臭水体专项整治，减少城市化学需氧量、城市污水的排放。不断提升城镇清洁取暖比例和高效制冷比例，推动可再生能源供热和制冷在城镇中的规模化运用。加强对加油站加油、城镇建筑外墙喷涂、城市道路沥青铺装、餐饮业油烟排放的治理，减少挥发性有机物的排放。加强对工业园区、产业园、开发区等工业聚集区污染物排放的治理，增加主要污染企业污染物排放监测设备，加强对污染企业的实时监督。增加城镇污水处理厂的处理能力，保证工业污水和生活污水及时得到净化。

在乡村加快燃煤替代，加快风能、太阳能光伏、生物质能发电等可再生能源在农业生产和生活中的应用，加强清洁燃煤、天然气、液化石油气等清洁能源供给，有序推进乡村清洁取暖，降低乡村地区的煤炭消费量。大力推进河北省乡村生态振兴千村示范工程，改善农村人居环境。积极推动乡村厕所革命，把简陋的露天厕所改建成生态厕所，提高农村污水和垃圾的处理能力。推进农村住房节能改造和农业大棚节能改造，积极推广农用电动车辆、节能型农业机械。推广使用高效低毒农药、快速降解农膜，科学使用化肥，强化对农业面源污染的治理。

交通物流业广泛分布于城镇和乡村，必须实行城镇和乡村一致的交通物流业污染治理政策，从而才能使治理效果最大化。一是加快新能源交通工具的普及。淘汰国三及以下排放标准的汽车，加快淘汰老旧工程机械，加强船舶清洁能源动力的推广应用。在城乡公交、出租、物流、环卫、农机等车辆中提高新能源车辆的比重，加快新能源汽车充电站、换电站、加气站、加氢站等新能源基础设施建设，加强保定市、唐山市纯电动重型货车换电模式和张家口市氢燃料电池汽车的推广示范。二是优化交通运输结构。在大宗货物和中长途货物运输中，加快推进“公转铁”和“公转水”等绿色运输方式。港口、大型物流园区、大宗货物运输企业等加快铁路专线和管廊的建设，提高绿色货物运输能力。三是构建绿色流通体系。推广绿色物流园区建设，发展绿色仓储，引导电商企业、快递企业使用绿色包装，加强快递包装物的回收和循环利用。推广普及货物的绿色配送，降低“最后一公里”的污染。

通过建立城乡污染综合治理机制，可以促进城乡生态环境的改善和经济的高质量增长，实现生态文明建设目标。总之，完善城乡污染综合治理机制需要从多个方面入手，需要政府、企业和社会多方面的共同努力，形成政府主导、企业主体、社会参与的治理格局，共同推进环境治理工作。

第二节　构建经济高质量增长的动力机制

经济高质量增长是符合五大新发展理念的增长，其中绿色发展与环境治理的目标是一致的。促进绿色发展，必须建立生态产品价值的实现机制、构建完善的生态补偿机制，从而才能激发市场主体主动参与绿色发展的动力。

一　建立生态产品价值实现机制

在生态经济总产值核算的基础上，重点对环境权益的价值进行核

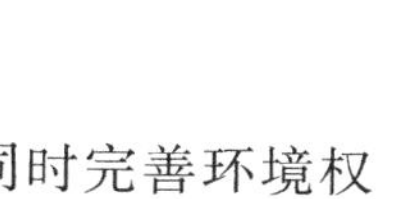

算，扩大生态产品种类，明确生态产品的产权归属，同时完善环境权益的市场化交易平台，开发出适合市场需求的生态产品，从而实现环境权益与生态产品的价值。

（一）完善生态资源产权确认制度

确认生态资源的产权是生态产品价值实现的前提条件。生态资源经过产权确认转变为生态资产，生态资产通过经营管理，才能向市场提供生态产品。因此，一旦生态资源产权明确，生态产品的收益权归属也随之明确。很多生态资源所有权归属为集体或者国家，但使用权和经营权往往归属于某一个市场主体，这种所有权、使用权和收益权分离的现象比较普遍。依据《中华人民共和国宪法》第九条的规定，除有法律规定的属于集体所有的森林、山岭、草原、荒地、滩涂外，其余的矿藏、河流、湖泊、森林、山岭、草原、荒地、滩涂等都属于国家所有。

2016 年，国土资源部、中央编办、财政部、环境保护部、水利部、农业部、国家林业局共同进行了自然资源的统一登记和确权，明确了不同自然资源的所有权代表行使主体。对于全民所有的自然资源，中央规定由行业管理部门进行监督、管理、使用和保护，并且允许以特许经营的方式委托市场主体行使经营管理权。其中，河北省的国有生态资源主要由县级及以上行业管理部门进行管理，其收益归国家。集体所有的生态资源权属相对复杂，其所有者主要包括村民集体、村内某农民集体和乡镇集体。在实际操作中，全民所有生态资源收益由政府相关部门进行管理，而集体所有的生态资源、对于集体成员的身份认定，依然存在较多矛盾，例如农村集体户口中迁出的失业大学生认定、已经离婚的外嫁妇女及其子女认定等，不同的村集体对集体成员的认定标准差异很大。生态产品产权归属矛盾将在一定程度上影响到生态产品价值的实现。此外，空气是一种公共产品，但是，为保持空气清洁而使某些市场主体支付的成本如何界定？假如清洁空气作为一种生态产品，如何实现其价值，目前学术界和政界没有形成一致的观点，尚需继续深入研究，以便进一步完善生态资源的产权制度。

（二）健全环境权益市场交易体系

据国家资源要素市场化改革相关政策，健全公共资源交易平台，推动各种公共资源的有偿使用，完善排污权、用水权、用能权和碳排放权市场交易制度。依据河北省的“一方案三办法”（《关于深化排污权交易改革实施方案》《河北省排污权政府储备管理暂行办法》《河北省排污权市场交易管理暂行办法》《河北省排污权确权管理暂行办法》），培育推广排污权交易市场建设，鼓励有条件的地区进一步扩大排污权交易范围，最终把所有排污企业纳入排污权交易体系，实现河北省排污的总量控制和对排污企业的有效管理。2022 年，河北省排污权交易市场成交额 397 亿元，实现交易 2249 笔。交易额仅次于浙江省，居全国第 2 位。

继续完善水权确权，健全水权交易制度和平台。河北省是一个缺水省份，一方面，为了保障京津用水需要，需要将一部分水资源提供给京津；另一方面，河北省内不同地市间对水资源的调剂也有需求。建立水权交易平台后，用市场机制替代河北省与京津间水资源调剂的协商机制，能够提高水资源配置的效率。逐步完善用能权交易市场，推广绿色电力证书交易。通过用能权交易把有限的能源配置到低能耗的项目和企业，使能源要素向优质产业流动和聚集。河北省是碳排放配额大省，积极扩大河北省碳排放交易市场规模，主动参与全国碳排放市场的交易。加强对河北省重点碳排放企业的监督管理，督促其采用先进设备和工艺，提高能效，通过出售碳排放配额获得收益。此外，通过河北省风力发电、太阳能光伏发电等降碳产品，以及塞罕坝机械林场、御道口林场、雄安新区湿地芦苇等生态产品的价值实现，有助于持续推动河北省的环境治理和生态文明建设。① 根据《河北省碳普惠制试点工作实施方案》的要求，因地制宜推进碳普惠制试点任务，完善河北省统一的碳普惠制推广平台，加强对碳普惠制试点城市的资金支持和技术支撑，促进社会公众环保行为的价值实现。

① 2022 年，塞罕坝机械林场、雄安新区湿地芦苇等生态产品累计实现碳排放交易 4775 万元。资料来源于《河北省政府新闻办“河北省统筹推进绿色发展”新闻发布会文字实录》。

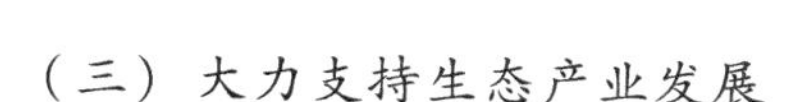

（三）大力支持生态产业发展

发展生态产业是把“绿水青山”变成“金山银山”的关键步骤，也是生态产品价值实现的重要途径。首先，河北省要进一步编制详细的国土功能区规划，大力推进山水林田湖草沙的生态治理和修复，提升河北省生态系统的稳定性，打造宜居宜住宜游的良好自然环境。其次，在政府的引导下，通过市场运作，拓展多元化的资金投入渠道，鼓励和引导社会资本开发出适应市场需求的生态产品。最后，把生态产品转变为企业收益。鉴于生态产品良好的生态环境效益和公共产品或半公共产品的属性，政府应大力推介河北省优秀的生态产品，助力其价值的实现。2023 年，河北省通过“这么近，那么美，周末到河北”的宣传口号，使河北省的游客人数和旅游收入全面超越 2019 年（新冠疫情前河北省游客人数和旅游收入最高年份）。例如，承德塞罕坝机械林场、张家口的“草原天路”、唐山南湖・开滦旅游景区等文旅产品，不但把美丽的景色转变为旅游收入，而且企业往往把部分利润再次投入环境保护，将生态产业做大做强，从而形成了良性循环。

二 构建多元化生态补偿机制

加强生态环境保护，大力推进美丽中国建设，是中国特色社会主义事业的重要内容。为了保障生态环境保护的公平性，应该通过多种形式给予生态环境保护主体合理的补偿，用以弥补其保护生态环境的投入，从而实现生态环境保护事业的可持续发展。

（一）政府直接补偿机制

由于生态环境显著的公共产品属性，生态环境修复的巨大投入，以及部分生态产品投资周期长、收效慢、获利微等原因，民间资本对生态项目的投资缺乏积极性。因此，政府应对重要的生态功能区和重大的环境保护项目给予专项资金支持，用于补偿市场主体进行生态修复投入的成本。对于河北省来说，唐山市、邯郸市等城市矿产资源开发之后留下的矿坑修复，白洋淀、衡水湖、南大港湿地水资源、水生态的保护和修复等，修复难度大、周期长、投资多，政府往往采用招标方式确定生态项目修复的市场主体，然后用中央、省、市的生态环境投资预算对市场主体的投入进行补偿。例如，2023 年河北省被列入中央财政支持范围的第三批山水林田湖草沙一体化修复项目，获得中央奖补资金 20 亿元。[①]

（二）政府间协商补偿机制

如果生态项目跨越两个行政区域，一般是生态受益的地方政府通过协商方式给予生态保护的地方政府部分资金或实物等，用以补偿其进行生态保护所投入的资金成本和由生态保护所形成的机会成本。例如，安徽省和浙江省对新安江流域水环境保护的项目，两省政府通过协商达成一致意见，签订了《新安江流域水环境补偿试点实施方案》，实现了水环境保护和投入合理补偿双赢的理想效果。[②] 河北省政府就张家口市的潮白河流域（位于北京市密云水库上游）水源涵养区横向生态保护与北京市政府进行协商，明确了基于水质水量的补偿基准，以此为基础，河北省与北京市签订新一期五年协议——《密云水库上游潮白河流域水源涵养区横向生态保护补偿协议（2021—2025 年）》。同样，经过河北省政府与天津市政府的协商，两地签订了《引滦入津上下游生态保护补偿协议（第三期）》。通过政府间协商机制，河北省对生态保护区发展的机会成本进行了合理补偿，维护了地方政府和群众进行生态保护的积极性。

（三）环境保护收费补偿机制

对于一些规模小、分布散、数量多的污染源，政府往往采用征收排污费的方式积聚一定资金，然后委托第三方市场主体或者与社会资本合作对污染物进行综合处理，从而保持良好的生态环境。例如，对于城乡垃圾和污水等污染物的处理，单纯靠政府财政支出，日积月累将会成为沉重的财政负担；通过市场化方式交易，又因交易标的额太小，而运营成本过高，故而市场化交易方式亦不可行。在这种情况

① 贡宪云：第三批山水林田湖草沙一体化保护修复工程项目名单出炉——《白洋淀上游流域保护和修复工程项目入选》，《河北日报》2023 年 7 月 6 日第 1 版。

② 2012 年，安徽、浙江两省签订《新安江流域水环境补偿试点实施方案》，方案以流域水质为对赌标的，其中中央财政出资 3 亿元，全部划拨给安徽省用于新安江流域水环境保护和水污染治理等领域，安徽省、浙江省分别出资 1 亿元，若水质达不到年度考核标准，则安徽省支付给浙江省 1 亿元，反之，浙江省支付给安徽省 1 亿元。

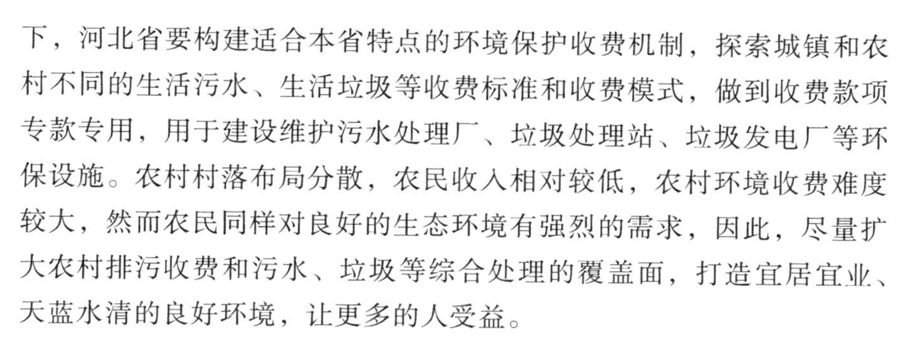

下，河北省要构建适合本省特点的环境保护收费机制，探索城镇和农村不同的生活污水、生活垃圾等收费标准和收费模式，做到收费款项专款专用，用于建设维护污水处理厂、垃圾处理站、垃圾发电厂等环保设施。农村村落布局分散，农民收入相对较低，农村环境收费难度较大，然而农民同样对良好的生态环境有强烈的需求，因此，尽量扩大农村排污收费和污水、垃圾等综合处理的覆盖面，打造宜居宜业、天蓝水清的良好环境，让更多的人受益。

（四）绿色税收补偿机制

绿色税收实质是环境保护税收，是各国进行环境补偿最常用的做法。环境保护税最早是由经济学家庇古提出来的，庇古认为，污染排放造成了环境污染，必须依据污染排放者对环境破坏的程度进行征税，用以弥补污染排放者生产的私人成本和社会成本间的差额，因此也被称为“庇古税”。2018 年，中国颁布实施了《中华人民共和国环境保护税法》，对于超过一定标准的大气污染物、水污染物、固体污染物、噪声等污染物进行征税。除环境保护税外，资源税、耕地占用税、消费税、车辆购置税和车船税等税收也发挥了促进资源充分利用、减少环境污染的作用。例如，中国当前的车辆购置税和车船税政策，一方面对大排量燃油汽车的消费起到遏制作用，另一方面有利于提高低碳环保新能源车的市场渗透率。对于河北省来说，进一步扩大废钢铁回收加工企业退税范围，落实风力发电、太阳能光伏发电等可再生能源的增值税优惠和所得税优惠政策，有利于提高资源利用率和改善能源消费结构。此外，虽然税收直接进入国库，但作为国家财政收入的重要来源，其中相当一部分又转变为政府环境保护拨款用于补偿市场主体的相关投入。①

① 据中国财政部网站统计数据，2022 年，中国环境保护税收为 211 亿元，资源税为 3389 亿元，耕地利占用税为 1145 亿元；中国用于节能环保的支出为 5396 亿元。资源来源于中华人民共和国中央人民政府网站，https：//www. gov. cn/xinwen/2023-01/31/content_5739311. htm。

第三节　完善经济高质量增长的保障机制

在环境治理强约束条件下，经济高质量增长不仅需要强有力的协调机制和动力机制，还需要健全的法律法规、完善的财政金融政策、充足的人才队伍和全社会极高的生态文明意识作为保障。

一　健全环境治理政策法规

健全的环境治理法律、法规和政策体系，有利于在环境治理过程中做到“有法可依，有法必依，执法必严，违法必究”[①]，从而提高环境治理的法治能力。

（一）进一步细化环境治理法律法规

借鉴部分发达工业化国家、新兴工业化国家或地区环境治理的经验，必须以完善的法律体系来保障环境治理效果。从国家层面看，健全资源综合利用、生态环境监测监督、非道路移动机械污染防治等法律法规，依据中国当前生态环境保护的实际，对标国际先进水平，制定或进一步修订环境影响评价法、清洁生产促进法、民用建筑节能条例、公共机构节能条例等法律法规。修订居民消费品挥发性有机物含量限制标准、涉挥发性有机物重点行业大气污染物排放标准、进口非道路移动机械执行国内排放标准等一批强制性环境标准，推动中国能源消耗和污染排放标准迈向世界领先水平。

从河北省层面看，加强环境治理地方立法，有利于针对河北省环境治理的实际情况，制定具有可操作性的措施和办法。根据国家2023年颁布的《固定资产投资项目节能审查办法》《电力需求侧管理办法》等法律法规，及时制定河北省实施细则。对于以前制定的地方性环境治理法律法规，依据《河北省生态环境保护“十四五”规划》《河北省国土空间生态修复规划（2021—2035年）》等重点规划，对

① 《中国共产党第十一届中央委员会第三次全体会议公报》，《人民日报》1978年12月24日第1版。

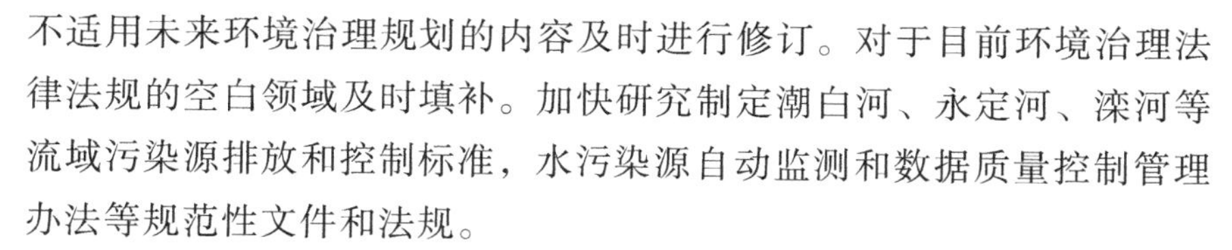

不适用未来环境治理规划的内容及时进行修订。对于目前环境治理法律法规的空白领域及时填补。加快研究制定潮白河、永定河、滦河等流域污染源排放和控制标准，水污染源自动监测和数据质量控制管理办法等规范性文件和法规。

（二）提升环境治理法治能力

第一，建立环境治理法院协作机制。从大的范围看，京津冀山水相连，并且三地之间的污染外溢现象严重。因此，必须强化京津冀三地法院在环境治理方面的审判协作机制，共同打击环境犯罪。从河北省内看，由于山脉、河流等跨越了地市行政区域，其污染范围往往超出了地市级的行政区划，建立河北省地市间的司法协作机制是环境治理的现实需要。例如，邯郸、邢台等五市法院建立的太行山河北省段生态环境保护司法协作机制，对共同打击环境犯罪具有明显效果。

第二，成立环境治理专门法院。由于环境案件专业性比较强，成立专门法院有利于提高环境案件的审理水平。例如，雄安新区中级人民法院设立了环境资源审判庭，实行白洋淀流域环境资源案件集中管辖。依据河北省未来生态环境保护和修复规划，积极推动衡水市中级人民法院成立衡水湖湿地环境资源保护法庭，秦皇岛设立海洋资源司法保护基地，张家口、邢台、邯郸等地建设形式多样的生态环境修复司法保护和教育基地，专门审判环境资源案件，提升司法水平。

第三，强化行政执法与司法间的衔接。在司法系统内部，加强法院、检察院与公安部门在环境治理司法方面的协作，形成环境治理的司法保护合力。然后加强行政执法与司法机关在环境治理领域的合作，强化“行刑衔接”①。检察院加强环境保护公益诉讼工作，监督行政机关依法行使环境保护监管责任。公安部门依法打击危险废物环境违法和重点排污单位自动监测数据弄虚作假等环境违法犯罪行为。

第四，积极宣传和认真执行新法。近年来，根据环境治理需要，河北省级和地市级政府、人大颁布了一系列的环境治理政策、法律和

---

① “行刑衔接”是行政执法和刑事司法相衔接的简称，为了防止以罚代刑、有罪不究、降格处理现象的发生，检察机关会同行政执法机关、公安机关、行政监察机关实行的及时将行政执法中查办的涉嫌犯罪的案件移送司法机关处理的工作机制。

法规。例如，2022 年，河北省颁布了《河北省港口污染防治条例》《河北省固体废物污染环境防治条例》等地方性法规、《大型活动碳中和技术评价规范（2022）》《重点企业六氟化硫排放核算和报告规范（2022）》等地方性标准。2023 年，唐山市颁布了《唐山市生态环境保护条例》。通过积极宣传，强化市场主体和社会公众环境治理的法治意识，提升司法部门对新法的理解水平和执法能力。

二　财政金融赋能绿色发展

绿色发展是在生态环境容量和资源承载力约束条件下，以效率、和谐、可持续为目标的一种新型发展模式。① 目前，追求绿色发展已经成为全球趋势，许多国家把绿色发展作为环境治理和调整经济结构的重要举措，绿色发展也是中国生态文明建设的必由之路。为加快绿色发展，政府应该给予绿色发展市场主体相应的财政金融政策支持。

（一）完善财政支持政策

在党的十八届五中全会上，党中央提出了创新、协调、绿色、开放、共享五大新发展理念。因此，绿色发展成为中国财政政策重点支持的领域之一。在绿色产业方面，政府通过加大财政资金投入力度，或者通过政府主导的投资引导基金扶持绿色产业发展。依据不同的产业和不同的发展阶段，采取税收减免，财政资金入股，减免场地、设备租金等方式给予支持。在绿色技术创新方面，对绿色产业的技术创新、科技成果产业化、创新基础设施建设等采用直接资助、后期补助、财政贴息、资金奖励等方式给予支持，通过科研仪器设备关税减免、重大技术装备风险补偿、研发经费加计扣除等财政激励措施，降低绿色创新不确定性给企业带来的经营风险。此外，在进行环境治理的过程中，政府通过采购企业研发的新产品，为企业开拓市场提供支持。

（二）积极发展绿色金融

绿色金融是旨在强化环境保护和治理，促进资源从高污染、高能

---

① 任理轩：《坚持绿色发展（深入学习贯彻习近平同志系列重要讲话精神）——“五大发展理念”解读之三》，《人民日报》2015 年 12 月 22 日第 7 版。

耗产业流向低碳清洁高技术产业的一系列金融产品，包括绿色信贷、绿色债券、绿色保险等。耿浩以全国29个省份2000—2021年的数据为样本进行分析，认为绿色金融对于绿色创新作用显著，并且有助于经济高质量增长。[①] 河北省要大力支持银行、保险和创投等金融机构提供促进绿色发展的金融产品和服务，鼓励银行开展排污权、碳排放权等环境权益的抵押质押融资，支持银行开展针对绿色企业的知识产权质押、合同仓单质押、应收账款融资等产品的创新，为绿色产业扩大生产规模提供资金支持。鼓励社会资本设立绿色基金、投资基金或天使基金，为中小微绿色企业和早中期绿色创业企业提供融资服务。鼓励发展比较成熟的绿色企业在主板、创业板、科创板、新三板等资本市场上市，进行股权直接融资。建立健全企业生态环境信用评价制度，加强对企业和金融机构的绿色绩效评估，依据评估结果实施分级分类监管，同时，建立环境污染强制责任保险制，降低金融机构的投资风险。

三　壮大绿色经济人才队伍

绿色经济是环境友好型、资源节约型的经济形态，也是经济高质量增长的重要特征之一。绿色经济人才的培养主要围绕环境和资源两大领域，通过健全绿色经济人才培养、人才引进机制和产学研相结合机制等，不断壮大绿色经济人才队伍。

（一）加快绿色经济人才培养平台建设

扩大高校资源或环境专业学院的招生规模，增加资源或环境专业研究机构的数量，在普通高等教育机构中设立绿色经济相关专业和课程，强化学生绿色经济、可持续发展和环境保护意识。河北省拥有培养环境人才的独特优势，河北省环境工程学院是目前全国唯一一所以生态环境教育为办学特色的大学，也是河北省和生态环境部共建的高校。学校构建了“环境科学与工程类”“环境保护支撑类”“环境人文艺术教育类”三大专业群，在校生超过1万人。河北省环境工程学院为河北省绿色经济建设提供了大量环境相关的专业人才，未来河北

---

① 耿浩：《绿色金融、绿色创新与经济高质量发展》，《时代经贸》2023年第10期。

省要继续支持学院扩大规模、提高学术水平。同时，支持河北工业大学、燕山大学、河北科技大学等高校增开资源与环境相关专业，扩大已有专业招生规模。提升河北钢铁技术研究院、河北省地勘研究院、中科循环经济研究院等研究机构的研究水平，为河北省绿色经济发展提供人才保障。

（二）通过产学研相结合机制培养人才

绿色经济涉及多个领域，包括环境科学、可再生能源、生态学、经济学等，培养人才需要跨越这些学科边界，综合运用知识解决问题。因此，需要加强企业、高校和科研机构的合作，使人才具备综合知识背景，通过产学研相结合，将理论研究与实践应用结合起来。鼓励绿色经济领域的研究和创新，支持科研机构进行前沿技术和可持续发展解决方案的研究，为培养绿色经济人才提供理论和实践支持。

（三）强化人才的培训和创业精神

鼓励绿色企业及相关机构提供实习和培训机会，让学生和专业人士能够接触并参与到绿色产业项目中，培养实际操作和解决问题的能力，并了解产业的最新动态和需求。支持绿色产业人才终身学习，持续提升专业技能和知识。通过持续教育项目、培训课程或专业认证等方式，保持人才与绿色产业发展的同步。政府鼓励和支持绿色经济人才创业，提供创业培训和创业资金支持，培养具备创新精神和市场意识的创业人才，促使其为河北省绿色经济转型和可持续发展做出贡献。

（四）加强对高端绿色人才的引进

虽然河北省拥有培养绿色人才的高校，但是，河北省高校的学术水平相较于全国“双一流”高校还有较大差距。因此，河北省必须加强对高端绿色人才的引进。充分利用河北省“巨人计划”“创新人才推进计划”等各类人才工程，实行更加有力的人才政策，大力引进绿色经济发展急需的高素质人才、紧缺型人才。河北省依托重大科研项目、重点创新基地、重点研发平台吸引国内外优秀人才。政府制定和实施优厚的人才政策，为绿色经济人才提供就业机会和发展空间，包括提供奖励和补贴措施以吸引和留住优秀的人才，从而加快河北省环

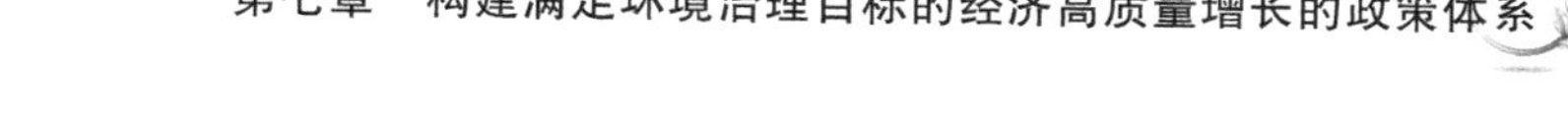

保企业和绿色产业的发展。

四　提升全社会环境保护意识

环境治理顺利推进和经济高质量增长稳步前行需要整个社会的全力支持和配合，实现这一目标的前提一方面是社会公众拥有很强的环境保护意识，另一方面要拥有深入推进环境治理所需要的绿色基础设施。

（一）加强环境保护宣传教育

第一，创新生态环境保护宣传方式。将贯彻落实习近平生态文明思想和做好生态文明建设纳入大中小学课本和党政领导干部培训教材。在社会上发行生态环境保护读本，开展生态环境科普活动。同时，通过环境破坏警示片、环境普法竞赛和线上有奖答题等方式，加强公众对危险废物管理以及环境治理的认识，提高公众、环境治理部门和排污企业相关人员的生态环保意识。

第二，繁荣生态环境保护文化。通过多种信息服务平台和不同传播形式，加大生态环境宣传产品制作和传播力度。结合河北省实际和特色打造生态文化品牌，研发推广生态环境文化产品。鼓励文化、艺术界人士积极参与生态文化作品创作，加大对以河北省生态文明建设为题材的文学作品、歌曲戏剧、广播电视、网上小视频、公益广告等的支持力度，正确引导社会有关环境治理的舆论。

第三，开展环境保护宣传行动。在河北省持续开展“践行公民十条，我们在行动”“美丽河北，有你更美”“共建清洁美丽世界”六五环境日主题宣传等活动，让广大公众关注、支持、参与生态环境保护工作，不断提升全社会的生态文明意识。

第四，树立环境保护学习榜样。大力弘扬塞罕坝精神，积极争创国家生态文明建设示范市、县和“绿水青山就是金山银山”理论实践创新基地，重点培养一批生态基础好、具有地域特色、环境治理效果突出的成功典型，打造河北省环境治理样板和“绿水青山就是金山银山”理论实践样板。

（二）开展全民环境保护行动

第一，开展创建绿色生活行动。依据《公民生态环境行为规范

（试行）》等法律法规，组织开展节约型机关、绿色家庭、绿色学校、绿色社区、绿色出行、绿色商场、绿色建筑等创建活动，增强全民节约意识，倡导绿色低碳、文明健康的生活方式，形成崇尚绿色生活的社会氛围。

第二，推行全社会绿色消费。在河北省加大绿色低碳产品的推广力度，提高政府采购绿色产品的比重，旅游、餐饮、住宿等行业按规定不主动提供一次性用品，避免各种浪费行为，在全社会推广节能、节水、环保、再生等绿色产品。建立和完善绿色消费激励机制，积极引导消费者购买节能与新能源汽车、高能效家电、节水型器具等产品。

第三，积极开展全民环境治理监督行动。积极发挥行业协会、网络平台、公益组织的作用，畅通群众参与生态环境保护的监督渠道。督促企业自觉履行节能减排责任，推动企业落实污染治理主体责任，淘汰落后生产工艺，从源头防治污染，减少污染物排放。完善公众监督和举报反馈机制，支持新闻媒体对各类生态环境破坏问题、环境突发事件、环境违法行为进行曝光和跟踪。

第四，支持公众环境保护志愿行动。鼓励生态环境志愿服务，积极培育扶持生态环境志愿服务组织和志愿服务项目。鼓励各类公益慈善基金助推生态环保事业。鼓励通过村规民约、社区居民公约等形式强化公众的环境保护意识。

（三）加快绿色基础设施建设

城市及周边城乡接合部是人口密度最大、企业最集中的区域，也是对环境污染最敏感的区域，因此，必须加强城市绿色基础设施建设，为环境治理夯实物质基础。

第一，在城市中大力推广绿色建筑，推进既有居住建筑和公共建筑的绿色节能改造，发展被动式超低能耗建筑和装配式建筑。加快公共机构既有建筑主体结构以及供热、制冷、照明等设施设备的节能改造，采用节能电器、高效照明产品、节水器具。

第二，创建绿色社区。社区是公众最集中的居住场所，也是城市固体垃圾、污水排放较大的地方，因而大力推进城市社区基础设施绿色化非常重要。加强社区垃圾分类投放设施建设，探索餐厨废弃物资源化利用和无害化处理，社区新建和既有停车场要配备新能源汽车充电设施或预留充电设施安装条件。

第三，大力建设城市公共交通系统，鼓励乘坐公共交通工具，减少私家车出行，降低交通污染排放。

第四，在首都水源涵养功能区和生态环境支撑区（以下简称首都“两区”）建设绿色基础设施，首都“两区”是深入实施京津冀协同发展重大国家战略的重要举措，为顺利推进首都“两区”建设，前期必须建设大量的绿色基础设施，从而为实现既定目标奠定坚实基础。

第八章

结论与展望

第一节　主要结论

通过基本数据分析、模型构建与推演，以及理论与实践的相互印证，本书得出以下主要结论。

第一，从“逐底竞争”转换到“逐优竞争”是推动河北省经济高质量增长的必由之路。从理论和实践上解析，“逐底竞争”是在一定发展阶段采取的促进经济增长的一种竞争方式，主要以牺牲环境等为代价，降低企业投资成本，吸引外部投资。“逐底竞争”导致环境受到极大的破坏，人民身体健康受到损害，经济难以实现可持续发展。“逐底竞争”的实质就是“逐劣竞争”。不同于“逐劣竞争”，“逐优竞争”是指通过模仿和创新，大力发展高端、高附加值和低污染产业，积极参与国际竞争的过程。“逐优竞争”是相对落后地区实现高质量增长的必然选择，也是摆脱对发达国家长期依赖的必由之路。河北省应该有步骤、有计划地通过京津引导国际和国内资金向河北省转移，以雄安新区建设为契机，通过转型升级，把河北省的产业嵌入京津的高端产业链，促进河北省发展符合自身实际的绿色经济、高附加值经济。

第二，产业转型升级是实现河北省污染治理和经济高质量增长协同推进的必由之路。从模型上推演，在环境治理强约束条件下，河北省完成污染治理目标与实现“十四五”规划经济增长目标存在矛盾。如果完成国家和河北省制定的主要污染物排放约束性指标，模型计算的最优产业增长率为传统高污染、高排放产业必须负增长（-2.1%），而低污染、低排放产业的增长率仅为3.3%，在这种情况下，无论如何都无法实现“十四五”规划制定的河北省地方生产总值年均增长率6%的目标。因此，要同时实现环境治理目标和经济增长目标，就必须进行产业转型升级，优化产业结构。一是优化第二产业内部的结构。继续压减河北省“两高”产业的产能，让渡出一部分污染排放量给“两低”产业，从而为“两低”产业提升产能打开空间。二是优化三次产业的产业结构。第三产业相较于第二产业污染排放量要低很多，而且河北省第三产业的比重明显偏低，因此，还有很大的发展空间和潜力。河北省通过控制第二产业的发展速度，让渡出一部分污染排放量给第三产业，同时大力推动第三产业的快速发展，尤其是高附加值的现代服务业，可以弥补工业发展受限的不足。三是降低生活源和移动源的污染排放量，优化全社会的污染排放结构。政府大力宣传绿色生活方式，倡导绿色出行、环保家居、环保建筑、随手关灯、节约用电等，交通部门采用绿色的交通方式，减少公路运输，增加铁路运输和水运，从而降低生活源和移动源的污染排放量。通过大力实施上述三项措施，可以实现污染治理和经济高质量增长协同推进的最终目标。

第三，河北省环境治理政策能够促进经济高质量增长。在环境治理的过程中，一方面，环境治理约束下的企业需要采取对排出的污染物进行处理、选择低碳环保型原材料生产、购买环保设备和技术等一系列环保措施，这些措施使企业的环境成本大幅增加、利润减少，导致其投资能力降低，从而阻碍经济的可持续发展；另一方面，企业为弥补因环境治理增加的成本，被迫进行技术创新或者生产转型。企业通过增加研发投入，提高产品的绿色技术含量，不但减少了污染排放，而且提高了产品的市场竞争力。如果企业进行绿色升级的潜力比较小，可以直接转型到绿色产业，绿色产业是朝阳产业，未来发展的潜力极大。综上所述，环境治理对经济的高质量增长存在正负两个方面的作用。单纯地推进环境治理，短时间内对经济增长的负面作用较大。因此，必须从机制上设计环境治理政策，科学搭配产业转型升级政策，最大限度发挥正面作用，抑制其负面作用。从河北省经济发展的实践可以看出，环境治理整体上对经济高质量增长具有积极作用。

第四，环境治理政策在经济高质量增长过程中保证了河北省原有产业体系的高效率，校正了产业体系中的不合理部分。在中国特色社会主义市场经济机制条件下，市场是资源配置的基本方式。河北省的产业体系也是在市场机制的作用下形成的，具有高效率特征。环境治理政策相当于在原有高效率资源配置的基础上人为增加了成本，因此，在制定环境治理政策时，必须保证新增成本不破坏河北省原有产业体系的高效率。然而，市场自发形成的产业体系虽然高效，但也有不合理的部分，例如河北省铁矿、煤矿、石油资源比较丰富的自然禀赋，导致高污染、高排放的钢铁、化工等产业比重过高等。上述产业结构虽然效率很高，但与河北省的环境承载力不匹配，大量污染物长时间的积累导致河北省出现严重的环境污染。以环境治理政策为代表的强制性制度变迁，迫使产业结构不合理的部分退出市场，通过扶持低污染、低能耗、高附加值的新产业，加快了河北经济高质量增长的步伐。

第二节　未来需要进一步研究的问题

本书提供的环境治理和经济高质量增长协同推进的建议，主要是基于经济学理论的逻辑推论和假定部分参数情况下的数学模型推导，虽然参考和借鉴了河北省以往的环境治理和经济增长政策、规划，但是本书政策建议的可操作性尚未接受实践检验，理论上得出的结论能否被现实社会的企业、公众接受也尚未可知。上述这些不确定性可能导致政策建议难以达到预期效果，这正是本书研究的难点之一。下一步，笔者将在未来一段时期内对不可预料的假定条件如何影响政策结果进行观察分析，以便找出误差率，用于后期修正关于环境治理政策和经济高质量增长政策的建议。

附　录

主要污染物名词解释

1. 空气质量指数

空气质量用空气质量指数（Air Quality Index，AQI）来衡量，它是2012年3月国家发布的新空气质量评价标准，空气质量指数描述了空气清洁或者污染的程度，该指数根据空气环境质量标准和各项污染物对生态环境及人体健康的影响确定空气污染指数的等级及相应污染物的浓度限值。监测的污染物主要包括$PM_{2.5}$（细颗粒物）、PM_{10}（可吸入颗粒物）、SO_2（二氧化硫）、NO_2（二氧化氮）、CO（一氧化碳）和O_3（臭氧）6项。

2. $PM_{2.5}$

$PM_{2.5}$的化学成分主要包括微量金属元素、生物物质（细菌、病菌、霉菌等）、有机碳、元素碳、硝酸盐、硫酸盐、铵盐、钠盐等。$PM_{2.5}$来源分为三类：自然源、人为源和二次颗粒物。其中，自然源包括扬尘、海盐、植物花粉、孢子、细菌等；人为源主要包括化石燃料（煤、汽油、柴油）的燃烧，如发电、冶金、石油、化学、纺织印染等工业过程、供热、烹调过程中燃煤、燃气或燃油排放的烟尘、生物质（秸秆、木柴）的燃烧、垃圾焚烧；其他的人为来源则包括道路扬尘、建筑施工扬尘、工业粉尘、厨房烟气。二次颗粒物包括大气中的气态前体污染物会通过大气化学反应生成二次颗粒物，实现由气体到粒子的转换，主要有二氧化硫、氮氧化物、氨气、挥发性有机物等。

3. PM_{10}

PM_{10}通常是指粒径在10微米以下的颗粒物。PM_{10}在空气环境中持续的时间长，对人体健康和大气能见度的影响大。通常来自在未铺沥青、水泥的路面上行驶的机动车、材料破碎碾磨处理过程以及被风扬起的尘土。PM_{10} 被人吸入后，会积累在呼吸系统中，引发许多疾病。PM_{10} 的形成主要有两个途径：一是各种工业过程（燃煤、冶金、化工、内燃机等）直接排放的超细颗粒物；二是大气中二次形成的超细颗粒物与气溶胶等。其中，第一种途径是 PM_{10} 的主要形成源，也是 PM_{10} 污染控制的重要对象。

4. 二氧化硫（SO_2）

二氧化硫在许多工业生产过程中都会产生，煤和石油通常都含有硫元素，因此燃烧时会生成二氧化硫。当二氧化硫溶于水中，会形成亚硫酸。若亚硫酸在 $PM_{2.5}$ 存在的条件下进一步氧化，便会迅速高效生成硫酸（酸雨的主要成分）。

5. 一氧化碳（CO）

一氧化碳是一种大气污染物，在大气中数量最多、分布最广，是煤、石油等含碳物质不完全燃烧的产物，其生成机理为 $RH \rightarrow R \rightarrow RO_2 \rightarrow RCHO \rightarrow RCO \rightarrow CO$（R 表示碳氢自由基团）。主要源于冶金工业中炼焦、炼铁等生产过程，化学工业中合成氨、甲醇等生产过程，矿井放炮和煤矿瓦斯爆炸事故，汽车等交通工具尾气的排放，锅炉中燃料的不完全燃烧，家庭居室中煤炉产生的煤气或液化气管道漏气，火山爆发、森林火灾、地震等自然灾害中一氧化碳的释放。此外，高层大气的化学反应、二氧化碳的轻微解离作用及动物新陈代谢过程中也会产生少量的一氧化碳。大气对流层中一氧化碳的浓度为 0.1—2ppm，这种含量对人体无害。但由于世界各国交通运输事业、工矿企业不断发展，煤和石油等燃料的消耗量持续增长，一氧化碳的排放量随之增多。

6. 二氧化氮（NO_2）

二氧化氮在臭氧的形成过程中起着重要作用。人为产生的二氧化氮主要来自高温燃烧过程的释放，如机动车尾气、锅炉废气的排放等。二氧化氮还是酸雨的成因之一。二氧化氮所带来的环境效应多种多样，包括对湿地和陆生植物物种之间竞争与组成变化的影响，大气能见度的降低，地表水的酸化、富营养化（因水中富含氮、磷等营养物，藻类大量繁殖而导致缺氧）以及增加水体中有害于鱼类和其他水生生物的毒素含量。

7. 挥发性有机物（VOCs）

挥发性有机物是 Volatile Organic Compounds 的缩写，总挥发性有机物有时也用 TVOC 来表示。根据世界卫生组织（WHO）的定义，挥发性有机物是在常温下，沸点在 50—260℃的各种有机化合物。在中国，挥发性有机物是指常温下饱和蒸汽压大于 70 帕、常压下沸点在 260℃以下的有机化合物，或在 20℃条件下，蒸汽压大于或者等于 10 帕且具有挥发性的全部有机化合物。通常分为非甲烷碳氢化合物（简称 NMHCs）、含氧有机化合物、卤代烃、含氮有机化合物、含硫有机化合物等几大类。挥发性有机物参与大气环境中臭氧和二次气溶胶的形成，其对区域性大气臭氧污染、$PM_{2.5}$ 污染具有重要的影响。大多数挥发性有机物带有令人不适的特殊气味，并具有毒性、刺激性、致畸性和致癌作用，特别是苯、甲苯及甲醛等对人体健康会造成很大的伤害。挥发性有机物是导致城市灰霾和光化学烟雾的重要前体物，主要源于煤化工、石油化工、燃料涂料制造、溶剂制造与使用等过程。

8. 臭氧（O_3）

臭氧产生的途径有自然源和人为源，人为源的臭氧主要由人为排放的氮氧化物、挥发性有机物等污染物的光化学反应生成。在晴天紫外线辐射强的条件下，二氧化氮等发生光解生成一氧化氮和氧原子，氧原子与氧反应生成臭氧。臭氧是强氧化剂，在洁净大气中，臭氧与一氧化氮反应生成为二氧化氮，而臭氧分解为氧气，上述反应的存在使臭氧在大气中达到一种平衡状态，不会造成臭氧累积。当空气中存在大量挥发性有机物等污染物时，挥发性有机物等产生的自由基与一氧化氮反应生成二氧化氮，该反应与臭氧和一氧化氮的反应形成竞争，不断取代消耗二氧化氮光解产生的氮氧化物、二氧化物（RO_2）、氢氧根（OH）等引起了一氧化氮向二氧化氮转化，使上述动态平衡遭到破坏，导致臭氧逐渐累积，达到污染级别。氮氧化物、挥发性有机物、一氧化碳等臭氧前体物都是一次污染物，主要源于交通工具的尾气排放、石油化工和火力发电等工业污染源排放及饮食、印刷、房地产等行业的污染源排放等。另外，秸秆等生物质的燃烧，也会产生大量的挥发性有机物和氮氧化物（NO_x）等臭氧前体物。

9. 氮氧化物（NO_x）

氮氧化物是由氮、氧两种元素组成的化合物，其包括多种化合物，如一氧化二氮（N_2O）、一氧化氮（NO）、二氧化氮（NO_2）、三氧化二氮（N_2O_3）等。除一氧化二氮和二氧化氮外，其他氮氧化物均不稳定，遇光、湿或热会变成二氧化氮及一氧化氮。天然排放的氮氧化物主要来自土壤和海洋中有机物的分解，属于自然界的氮循环过程。人为活动排放的氮氧化物大部分来自化石燃料的燃烧过程，如汽车、飞机、内燃机及工业窑炉的燃烧过程；少部分来自生产、使用硝酸的过程，如氮肥厂、有色及黑色金属冶炼厂等。氮氧化物与碳氢化合物经紫外线照射发生反应形成的有毒烟雾，称为光化学烟雾。光化学烟雾具有特殊气味，刺激眼睛，伤害植物，并可使大气能见度降低。此外，氮氧化物与空气中的水反应生成的硝酸和亚硝酸是酸雨的重要成分。

参考文献

一　中文文献

（一）著作

习近平：《高举中国特色社会主义伟大旗帜　为全面建设社会主义现代化国家而团结奋斗——在中国共产党第二十次全国代表大会上的报告（2022 年 10 月 16 日）》，人民出版社 2022 年版。

［美］保罗·R. 波特尼、罗伯特·N. 史蒂文斯主编：《环境保护的公共政策》（第 2 版），穆贤清、方志伟译，黄祖辉校审，上海三联书店、上海人民出版社 2004 年版。

［美］保罗·萨缪尔森、威廉·诺德豪斯：《经济学》（第十六版），萧琛等译，华夏出版社 1999 年版。

［英］大卫·李嘉图：《政治经济学及赋税原理》，郭大力、王亚南译，凤凰出版传媒集团、译林出版社 2011 年版。

河北省统计局、国家统计局河北调查总队：《河北统计年鉴（2022）》，中国统计出版社 2022 年版。

［德］卡尔·马克思：《资本论》（第二卷），郭大力、王亚南译，人民出版社 1953 年版。

［美］斯蒂芬·P. 罗宾斯、玛丽·库尔特：《管理学》（第 11 版），李原等译，孙健敏校，中国人民大学出版社 2012 年版。

［瑞典］托马斯·思德纳：《环境与自然资源管理的政策工具》，张蔚文、黄祖辉译，上海三联书店、上海人民出版社 2005 年版。

［印］维诺德·托马斯、［中］王燕：《增长的质量》（第二版），张绘等，中国财政经济出版社 2017 年版。

［美］约瑟夫·熊彼特：《经济发展理论——对于利润、资本、信

贷、利息和经济周期的考察》，何畏等译，商务印书馆 1990 年版。

[美] 詹姆斯·N. 罗西瑙主编：《没有政府的治理》，张胜军、刘小林等译，江西人民出版社 2001 年版。

中国国际经济交流中心课题组：《中国实施绿色发展的公共政策研究》，中国经济出版社 2013 年版。

（二）期刊

包群、彭水军：《经济增长与环境污染：基于面板数据的联立方程估计》，《世界经济》2006 年第 11 期。

钞小静、惠康：《中国经济增长质量的测度》，《数量经济技术经济研究》2009 年第 6 期。

陈刚、鲁篱：《环境污染法律规制的比较研究》，《中国环境管理》1993 年第 4 期。

陈志国、李爱兰：《河北省经济增长质量的结构性特征》，《经济论坛》2004 年第 3 期。

程聪慧、王家璇：《政府引导基金对新旧动能转换的影响机制研究》，《财经论丛》2023 年第 5 期。

傅家骥等：《高质量经济增长的实现要素分析》，《数量经济技术经济研究》1994 年第 3 期。

傅京燕、李丽莎：《环境规制、要素禀赋与产业国际竞争力的实证研究——基于中国制造业的面板数据》，《管理世界》2010 年第 10 期。

傅元海、林剑威：《FDI 和 OFDI 的互动机制与经济增长质量提升——基于狭义技术进步效应和资源配置效应的分析》，《中国软科学》2021 年第 2 期。

耿浩：《绿色金融、绿色创新与经济高质量发展》，《时代经贸》2023 年第 10 期。

顾敏：《辽宁省环境污染与经济增长关系实证研究》，《河北省环境工程学院学报》2020 年第 6 期。

郭然、原毅军：《生产性服务业集聚、制造业集聚与环境污染——基于省级面板数据的检验》，《经济科学》2019 年第 1 期。

韩玉军、陆旸：《经济增长与环境的关系——基于对 CO_2 环境库兹涅茨曲线的实证研究》，《经济理论与经济管理》2009 年第 3 期。

郝东恒、高飞：《河北省环境治理投资与经济增长的关系分析》，《当代经济管理》2013 年第 12 期。

贺宇彤等：《河北省肺癌死亡趋势分析》，《现代预防医学》2009 年第 22 期。

侯景新、沈博文：《经济增长与环境治理的 EKC 模型分析》，《区域经济评论》2015 年第 4 期。

胡宗义等：《环境规制强化的经济增长效应与机制研究》，《湖南大学学报》（社会科学版）2021 年第 5 期。

黄茂兴、林寿富：《污染损害、环境管理与经济可持续增长——基于五部门内生经济增长模型的分析》，《经济研究》2013 年第 12 期。

焦勇等：《产业结构变迁如何影响新旧动能转换？——基于营商环境和数字经济环境的机制分析》，《经济与管理评论》2023 年第 5 期。

金乐琴：《高质量绿色发展的新理念与实现路径——兼论改革开放 40 年绿色发展历程》，《河北经贸大学学报》2018 年第 6 期。

李永友、沈坤荣：《我国污染控制政策的减排效果——基于省际工业污染数据的实证分析》，《管理世界》2008 年第 7 期。

林建海、刘菲：《如何实现高质量经济增长》，《银行家》2018 年第 12 期。

刘浩然：《京津冀地区绿色经济效率测度及影响因素研究——基于超效率 SBM 和 Tobit 模型的分析》，《生态经济》2023 年第 4 期。

刘家旗、茹少峰：《西部地区经济增长影响因素分析及其高质量发展的路径选择》，《经济问题探索》2019 年第 9 期。

刘树成：《论又好又快发展》，《经济研究》2007 年第 6 期。

龙硕、胡军：《政企合谋视角下的环境污染：理论与实证研究》，《财政研究》2014 年第 10 期。

鲁篱：《环境税——规制公害的新举措》，《法学》1994 年第

3 期。

彭水军、包群：《经济增长与环境污染——环境库兹涅茨曲线假说的中国检验》，《财经问题研究》2006 年第 8 期。

乔平平：《环境规制、外商直接投资与绿色经济高质量发展》，《技术经济与管理研究》2023 年第 9 期。

任保平：《经济增长质量的内涵、特征及其度量》，《黑龙江社会科学》2012 年第 3 期。

任保平、邹起浩：《新经济背景下我国高质量发展的新增长体系重塑研究》，《经济纵横》2021 年第 5 期。

盛斌、吕越：《外国直接投资对中国环境的影响：来自工业行业面板数据的实证研究》，《中国社会科学》2012 年第 5 期。

苏剑、陈阳：《从美国金融危机看经济的高质量增长》，《西安交通大学学报》（社会科学版）2019 年第 6 期。

台德进：《包容性、绿色与经济高质量增长关系研究——以安徽省为例》，《宜春学院学报》2019 年第 4 期。

王敏、黄滢：《中国的环境污染与经济增长》，《经济学（季刊）》2015 年第 2 期。

王培刚、庞荣：《国际乡村治理模式视野下的中国乡村治理问题研究》，《中国软科学》2005 年第 6 期。

谢栩翎等：《河北省区域经济增长质量评价与分析》，《衡水学院学报》2016 年第 4 期。

薛俭、丁婧：《经济增长、出口贸易对环境污染的影响》，《经济论坛》2020 年第 10 期。

颜德如、张玉强：《中国环境治理研究（1998—2020）：理论、主题与演进趋势》，《公共管理与政策评论》2021 年第 3 期。

杨宜勇等：《绿色发展的国际先进经验及其对中国的启示》，《新疆师范大学学报》（哲学社会科学版）2017 年第 2 期。

叶青、郭欣欣：《政府环境治理投入与绿色经济增长》，《统计与决策》2021 年第 9 期。

张彬、左晖：《能源持续利用、环境治理和内生经济增长》，《中国人口·资源与环境》2007 年第 5 期。

张良贵等:《制度质量视角下数字经济促进动能转换的机制效应检验——以山东新旧动能转换综合试验区为例》,《软科学》2024 年第 4 期。

张平等:《高质量增长与增强经济韧性的国际比较和体制安排》,《社会科学战线》2019 年第 8 期。

张萍、刘军:《产业协同集聚对江苏区域环境的影响》,《阅江学刊》2020 年第 3 期。

张荣博、黄潇:《高质量发展背景下现代服务业经济增长效应研究——基于省级面板数据的实证分析》,《江汉大学学报》(社会科学版)2019 年第 5 期。

张武林等:《经济高质量增长与碳减排的协同发展分析:以广西为例》,《阅江学刊》2019 年第 6 期。

朱贝贝、刘瑞翔:《提升经济增长质量的理论逻辑及实现路径——基于我国制造业的视角》,《经济研究参考》2019 年第 9 期。

朱磊等:《环境治理约束与中国经济增长——以控制碳排放为例的实证分析》,《中国软科学》2018 年第 6 期。

朱丽萌、姜峰:《产业结构高级化对区域性空气污染治理的影响》,《中国井冈山干部学院学报》2022 年第 4 期。

(三)报纸

《中国共产党第十一届中央委员会第三次全体会议公报》,《人民日报》1978 年 12 月 24 日第 1 版。

方素菊:《加快建设数据驱动、智能融合的数字河北——河北省数字经济规模达 1.51 万亿元》,《河北日报》2023 年 8 月 10 日第 1 版。

贡宪云:《第三批山水林田湖草沙一体化保护修复工程项目名单出炉——白洋淀上游流域保护和修复工程项目入选》,《河北日报》2023 年 7 月 6 日第 1 版。

任理轩:《坚持绿色发展(深入学习贯彻习近平同志系列重要讲话精神)——“五大发展理念”解读之三》,《人民日报》2015 年 12

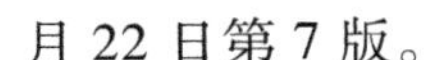

月22日第7版。

（四）论文

白佳琦：《环境规制对长江经济带经济增长的影响研究》，硕士学位论文，四川大学，2021年。

陈路：《环境规制、技术创新与经济增长——以武汉城市圈为例》，博士学位论文，武汉大学，2017年。

杜颖：《河北省经济增长与大气污染关系研究》，博士学位论文，中国地质大学（北京），2016年。

方化雷：《中国经济增长与环境污染之间的关系——环境库兹涅茨假说的产权制度变迁解释与实证分析》，博士学位论文，山东大学，2011年。

冯梦青：《我国环境治理跨区域财政合作机制研究》，博士学位论文，中南财经政法大学，2018年。

郭高晶：《地方政府环境政策对区域生态效率的影响研究——基于2008—2017年省级面板数据的分析》，博士学位论文，华东师范大学，2019年。

韩霞：《甘肃省环境保护财政支出效率研究》，硕士学位论文，西北师范大学，2016年。

靳祥锋：《碳排放约束下的区域经济增长机制与对策研究：以山东省为例》，博士学位论文，天津大学，2017年。

刘叶：《FDI、环境污染与环境规制——来自中国的证据》，博士学位论文，中央财经大学，2016年。

马喜立：《大气污染治理对经济影响的CGE模型分析》，博士学位论文，对外经济贸易大学，2017年。

苗颖：《环境政策创新及其绩效评估研究》，博士学位论文，大连理工大学，2017年。

沈阳：《环境规制对我国经济增长影响研究——基于财政分权的分组PVAR模型分析》，硕士学位论文，西北大学，2019年。

汤睿：《中国城市环境治理效率研究》，博士学位论文，东北财经大学，2019年。

唐李伟：《污染物排放环境治理与经济增长——机理、模型与实证》，博士学位论文，湖南大学，2015 年。

王光升：《中国沿海地区经济增长与海洋环境污染关系实证研究》，博士学位论文，中国海洋大学，2013 年。

夏欣：《东北地区环境规制对经济增长的影响研究》，博士学位论文，吉林大学，2019 年。

熊艳：《环境规制对经济增长的影响：基于中国工业省际数据的实证分析》，博士学位论文，东北财经大学，2012 年。

于潇：《环境规制政策影响经济增长机理研究》，博士学位论文，厦门大学，2019 年。

曾畅：《中部地区环境规制与经济增长关系研究》，硕士学位论文，南昌大学，2018 年。

张昭利：《中国二氧化硫污染的经济分析——基于环境库兹涅茨曲线和贸易的角度》，博士学位论文，上海交通大学，2012 年。

周茜：《中国经济增长对环境质量的影响研究》，博士学位论文，南京大学，2013 年。

（五）网络

《波澜壮阔四十载　民族复兴展新篇——改革开放 40 年经济社会发展成就系列报告之一》，2018 年 8 月 27 日，国家统计局网站，https://www.stats.gov.cn/zt_18555/ztfx/ggkf40n/202302/t20230209_1902581.html。

《河北省政府工作报告（2021）》，2021 年 2 月 19 日，河北省人民政府网站，http://dfjr.hebei.gov.cn/content/1004/67.html。

《庆祝中国共产党成立 100 周年河北省经济社会发展成就系列报告之五》，2021 年 6 月 22 日，河北省统计局网站，http://www.hetj.gov.cn/hetj/ztbd/kfr12/jjzj/101629076775022.html。

北京技术市场管理办公室：《2021 年北京技术市场统计年报》，2022 年 12 月 1 日，北京技术市场管理办公室网站，https://kw.beijing.gov.cn/art/2022/12/1/art_9908_642690.html。

成都市发展和改革委员会：《成都市“十四五”能源发展规划》，

2022 年 5 月，成都市发展和改革委员会网站，http://cddrc. chengdu. gov. cn/cdfgw/c147315/2022-06/16/7fded274131f4782b02571597657f516/files/acf68d5769b548619639efe5aaecf58b. pdf。

国家统计局：《2021 年度统计公报》，2022 年 2 月 28 日，国家统计局网站，https://www. stats. gov. cn/sj/zxfb/202302/t20230203_1901393. html。

河北省发展和改革委员会：《河北省战略性新兴产业发展“十四五”规划》，2021 年 11 月 22 日，河北省发展和改革委员会网站，https://hbdrc. hebei. gov. cn/xxgk_2232/fdzdgknr/ghjh/gh/202309/t20230907_87228. html。

河北省能源局等：《河北省可再生能源发展报告（2022）》，2023 年 7 月 20 日，中国能源新闻网，https://www. cpnn. com. cn/news/baogao2023/202307/t20230720_1619555. html。

河北省人民政府：《河北省生态环境保护“十四五”规划》，2022 年 1 月 12 日，河北省人民政府网站，https://www. hebei. gov. cn/columns/b1b59c8c - 81a3 - 4cf2 - b876 - 861891 9c0049/202308/14/f672ea8d-f380-4b73-9c60-f1474221ff44. html。

河北省人民政府办公厅：《河北省建设全国现代商贸物流重要基地“十四五”规划》，2021 年 11 月 14 日，河北省人民政府网站，https://www. hebei. gov. cn/columns/3d33a20b - 4271 - 4b3b - 8cae - 3664e980d262/202111/14/fbdd4483-4f8b-11ee-beb8-6018954d7f6f. html。

河北省生态环境厅：《2013 河北省生态环境状况公报》，2014 年 5 月。

河北省生态环境厅：《2021 河北省生态环境状况公报》，2022 年 5 月，河北省生态环境厅网站，https://hbepb. hebei. gov. cn/hbhjt/sjzx/hjzlzkgb/。

河北省生态环境厅：《2021 年河北省生态环境状况公报》，2022 年 5 月 31 日，河北省生态环境厅网站，https://hbepb. hebei. gov. cn/hbhjt/sjzx/hjzlzkgb/。

河北省生态环境厅：《2022 年河北省生态环境状况公报》，2023

年 6 月 2 日，河北省生态环境厅网站，https://hbepb.hebei.gov.cn/hbhjt/sjzx/hjzlzkgb/。

河北省统计局：《河北统计年鉴（2022）》，2023 年 5 月 11 日，河北省统计局网站，http://tjj.hebei.gov.cn/hetj/tjnj/2022/zk/indexch.htm。

河北省统计局：《河北统计年鉴（2023）》，2024 年 1 月 30 日，河北省统计局网站，http://tjj.hebei.gov.cn/hetj/tjnj/2023/zk/indexch.htm。

江苏省科学技术厅：《长江岸线生态修复守住“家底”，为发展“留白”》，2022 年 2 月 28 日，江苏省科学技术厅网站，http://kxjst.jiangsu.gov.cn/art/2020/3/5/art_83499_10015685.html。

四川省人民政府：《2019 年四川省国民经济和社会发展统计公报》，2020 年 3 月 25 日，四川省人民政府网站，https://www.sc.gov.cn/10462/c105630/2020/3/25/91984c54465b460fb4081c9a40d5a373.shtml。

苏州市统计局：《自然地理和资源》，2016 年 4 月 30 日，苏州市人民政府网站，https://www.suzhou.gov.cn/szsrmzf/2016szsqsl/201912/c49ee14b0c804af1bdefd92bb5644446.shtml。

苏州市吴中区人民政府：《关于提升东山退养池塘农业经济效益的建议》，2022 年 4 月 29 日，苏州市吴中区人民政府网站，http://www.szwz.gov.cn/szwz/qrddbjy/202211/46d47882ac0146d58d192b3767a4da94.shtml。

正大制药：《环保投入超亿元，中国生物制药“减碳”进行时!》，2023 年 7 月 12 日，正大制药微信订阅号，https://mp.weixin.qq.com/s?__biz=MjM5MjA5Nzc1MA==&mid=2650354548&idx=1&sn=1d825db603a1963db5ca8ca8c5205c81&chksm=bea6e7cd89d16edbce63383b985cfcfcff10f15ea9bf0a2d92198770994daef35a4059844d72&scene=27。

中国共产党河北省第九届委员会：《中国共产党河北省第九届委员会第六次全体会议决议》，2017 年 12 月 26 日，河北新闻网，https：//hbrb. hebnews. cn/pc/paper/c/201712/26/c41981. html。

中华人民共和国生态环境部：《2021 年中国海洋生态环境状况公报》，2022 年 5 月 26 日，中华人民共和国生态环境部网站，https：//www. mee. gov. cn/hjzl/tj/202205/t20220527_ 983541. shtml。

中华人民共和国生态环境部：《2021 年中国生态环境统计年报》，2023 年 1 月 18 日，中华人民共和国生态环境部网站，https：//www. mee. gov. cn/hjzl/sthjzk/sthjtjnb/。

中华人民共和国生态环境部：《大气污染治理助推经济高质量发展——四川省成都市大气污染治理典型案例》，2021 年 1 月 30 日，中华人民共和国生态环境部网站，https：//www. mee. gov. cn/ywgz/zys-thjbhdc/dczg/202101/t20210130_819548. shtml。

中华人民共和国生态环境部：《生态环境部通报 2021 年 12 月和 1—12 月全国地表水、环境空气质量状况》，2022 年 1 月 31 日，中华人民共和国生态环境部网站，https：//www. mee. gov. cn/ywdt/xwfb/202201/t20220131_968703. shtml。

二 外文文献

Acemoglu D. , "High-Quality Versus Low-Quality Growth in Turkey: Causes and Consequences", CEPR Discussion Papers, 2019.

Commission On Global Governance, *Our Global Neighborhood: The Report of the Commission on Global Governance*, Oxford University Press, 1995.

Copeland, Taylor, " North - South Trade and the Environment", *Quarterly Journal of Economics*, Vol. 109, 1994.

Gene M. Grossman, Alan B. Krueger, " Environmental Impacts of a North American Free Trade Agreement", NBER Working Paper, 1991.

Michael, Marien, "Towards Green Growth", *World Future Review: Strategic Foresight*, Vol. 3, No. 2, 2011.

后 记

2022年，党的二十大报告指出："推动经济社会发展绿色化、低碳化是实现高质量发展的关键环节。"2023年，习近平总书记在全国生态环境保护大会上再次强调，要正确处理高质量发展和高水平保护的关系。本书以河北省为例，深入探讨了在环境治理约束下如何实现经济的高质量增长，旨在为科学解决污染排放控制总量与经济增长污染排放需求总量间的矛盾提供理论支持和实践指导。在此基础上，笔者完成了《环境治理约束下经济高质量增长研究——以河北省为例》这一著作。本著作不仅是对当前生态文明建设要求的积极响应，更是对实现人与自然和谐共生现代化目标的积极探索。

本书为笔者2020年承担的河北省社会科学基金项目"环境治理强约束条件下河北经济高质量增长路径与政策研究"（项目编号：HB20YJ007）的最终成果，也是项目组的智慧结晶。项目组成员分工如下：项目主持人李书锋负责本书的统稿与定稿，并撰写了第一章、第四章部分内容、第五章和第八章；河北政法职业学院刘志秀副教授撰写了第三章和第七章；中共河北省委党校（河北行政学院）的张景华讲师撰写了第二章和第四章部分内容；中共河北省委党校（河北行政学院）的周肖萌讲师撰写了第六章。在研究和出版过程中，我们得到了河北省哲学社会科学工作办公室、中国社会科学出版社、中共河北省委党校（河北行政学院）环境治理与公共政策研究中心等机构多方面的支持和资助。这些支持和帮助是我们完成研究的重要保障，在此，我们向所有给予关心和支持的单位和个人表示衷心的感谢！

尽管我们力求做到最好，但本书仍难免存在不足之处。我们提供的政策建议主要基于经济学理论的逻辑推论和数学模型推导，其可操作性和现实接受度尚待实践检验。此外，由于文献资料和研究能力的限制，本书在某些方面可能存在疏漏和不足。我们诚恳邀请各位读者提出宝贵的批评和建议，以帮助我们不断完善和进步。

展望未来，我们将继续深化对环境治理与经济高质量增长关系的研究，为推动绿色发展、建设美丽中国贡献更多智慧和力量。我们坚信，在党中央的正确领导下，在全体人民的共同努力下，我们一定能够实现经济社会的绿色转型和高质量发展，为子孙后代留下一个天更蓝、水更清、山更绿的美丽家园。

2024 年 5 月于河北石家庄